放射性物品道路运输培训丛书

放射性物品道路运输从业人员培训教材

严季 刘浩学 ◎主编

人民交通出版社
China Communications Press

内 容 提 要

本教材依据交通运输部颁发的《放射性物品道路运输从业人员从业资格培训计划与大纲(试行)》、《放射性物品道路运输从业人员从业资格考试大纲(试行)》和《放射性物品道路运输从业人员资格考试题库(试行)》编写而成,内容包括基础知识、管理知识、业务知识三大部分,在专业知识中将驾驶人员、押运人员和装卸管理人员需掌握的知识分开,以使教学内容更具有针对性。

本教材适合放射性物品道路运输从业人员学习、培训使用,也可供放射性物品道路运输企业、道路运输管理机构有关管理人员学习和参考。

图书在版编目(CIP)数据

放射性物品道路运输从业人员培训教材/严季,刘浩学主编. — 北京:人民交通出版社,2014.2
ISBN 978-7-114-11111-2

Ⅰ.①放… Ⅱ.①严…②刘… Ⅲ.①放射性物质–危险货物运输–道路运输–安全培训–教材 Ⅳ.①TL93

中国版本图书馆 CIP 数据核字(2014)第 003453 号

Fangshexing Wupin Daolu Yunshu Congye Renyuan Peixun Jiaocai

书　　名:	放射性物品道路运输从业人员培训教材
著 作 者:	严　季　刘浩学
责任编辑:	钟　伟　刘　博
出版发行:	人民交通出版社
地　　址:	(100011) 北京市朝阳区安定门外外馆斜街 3 号
网　　址:	http://www.ccpress.com.cn
销售电话:	(010) 59757973
总 经 销:	人民交通出版社发行部
经　　销:	各地新华书店
印　　刷:	北京交通印务有限公司
开　　本:	787×1092　1/16
印　　张:	10.75
字　　数:	202 千
版　　次:	2014 年 2 月　第 1 版
印　　次:	2023 年 9 月　第 4 次印刷
书　　号:	ISBN 978-7-114-11111-2
定　　价:	28.00 元

(有印刷、装订质量问题的图书由本社负责调换)

前言 PREFACE

为全面贯彻落实《放射性物品运输安全管理条例》（国务院令第562号，2010年1月1日起施行）和《放射性物品道路运输管理规定》（交通运输部令2010年第6号，2011年1月1日起施行），做好放射性物品道路运输从业人员的培训工作，提高培训质量，我们根据交通运输部颁发的《放射性物品道路运输从业人员从业资格培训计划与大纲（试行）》、《放射性物品道路运输从业人员从业资格考试大纲（试行）》和《放射性物品道路运输从业人员资格考试题库（试行）》，组织编写了本教材。

本教材在编写过程中，吸取了以往培训工作的经验和教训，在确保知识的系统性并符合教学规律的前提下，将基础知识、管理知识、业务知识相对分开，且在专业知识中将驾驶人员、押运人员和装卸管理人员需掌握的知识分开，以使教学内容更具有针对性。

本教材适合放射性物品道路运输从业人员学习、培训使用，也可以作为放射性物品道路运输企业、道路运输管理机构有关管理人员学习的参考书。但由于放射性物品道路运输安全管理政策性、技术性强，建议有关管理人员和培训教师在学习、备课时，还要参考人民交通出版社出版的《放射性物品道路运输管理概论》、《放射性物品道路运输安全管理手册（法规、标准）》。

参加本教材编写的有严季、刘浩学、晏远春、杨开贵、沈民、任淑云、沈小燕、郭旻、张静源、李国强、李小南、郭锡文、张淑君、刘然等。

概述 ··· 1

第一篇 基础知识篇

第一章 放射性基本常识 ·· 5
第一节 放射性基本常识 ··· 5
一、原子及原子核的结构 ··· 5
二、元素、核素和同位素 ··· 7
三、射线种类及其特性 ·· 8
四、放射性物质衰变规律和半衰期 ·· 11
五、放射性活度和比活度 ··· 12
六、常用放射性辐射量及其单位 ·· 12
第二节 放射性物品的用途 ··· 15

第二章 放射性物品分类与名录 ·· 17
第一节 放射性物品的定义和分类 ·· 17
一、放射性物品的定义 ·· 17
二、放射性物品的分类 ·· 17
三、放射源分类 ··· 18
第二节 《放射性物品分类和名录》 ··· 18
一、放射性物品分类原则 ··· 19
二、《放射性物品分类和名录》简介 ·· 19
三、放射性物品运输免管 ··· 19

第三章 放射性物品运输容器和警示标志 ·· 24
第一节 放射性物品运输容器基本要求 ·· 24
一、放射性物品运输容器的基本要求 ·· 24
二、放射性物品运输容器的质量要求 ·· 25
第二节 放射性物品运输容器分类 ·· 27
一、放射性物品货包的分类 ·· 27

二、对各种包装和货包的一般要求 ………………………………………… 31
三、货包和外包装的运输指数、临界安全指数和辐射水平的限值 ……… 33
四、货包和外包装的分级 …………………………………………………… 33
第三节 放射性物品警示标志 …………………………………………………… 34
一、运输包装标志的意义 …………………………………………………… 34
二、运输包装标志的分类和内容 …………………………………………… 35
三、放射性物品警示标志的使用 …………………………………………… 37

第四章 辐射防护与监测 …………………………………………………………… 44
第一节 辐射防护基本常识 ……………………………………………………… 44
一、外照射危害和内照射危害 ……………………………………………… 44
二、日常生活中的照射来源 ………………………………………………… 45
三、辐射对人体的损伤效应 ………………………………………………… 47
四、辐射防护的原则和措施 ………………………………………………… 48
第二节 常用辐射防护用品 ……………………………………………………… 52
一、外照射危害防护用品 …………………………………………………… 52
二、内照射危害防护用品 …………………………………………………… 56
第三节 常用辐射监测仪器的使用方法 ………………………………………… 57
一、辐射监测的分类 ………………………………………………………… 58
二、辐射监测仪器 …………………………………………………………… 62

第二篇 管理知识篇

第一章 放射性物品道路运输法规和标准 ………………………………………… 71
第一节 放射性物品道路运输行政法规 ………………………………………… 71
一、《放射性物品运输安全管理条例》 …………………………………… 71
二、《放射性物品道路运输管理规定》 …………………………………… 75
三、放射性物品运输说明书 ………………………………………………… 85
第二节 放射性物品道路运输技术标准 ………………………………………… 87
一、《放射性物品分类和名录》 …………………………………………… 87
二、《放射性物质安全运输规程》 ………………………………………… 87
三、《电离辐射防护与辐射源安全基本标准》 …………………………… 89

第二章 放射性物品道路运输及核与辐射事故应急 ……………………………… 90
第一节 核与辐射事故应急响应指南的基本内容 ……………………………… 90
一、核与辐射事故的基本概念 ……………………………………………… 90
二、核与辐射事故应急响应指南的法律要求 ……………………………… 92

第二节　核与辐射事故应急组织实施 ·· 93
　　　一、放射性物品运输应急预案概述 ·· 93
　　　二、核与辐射事故应急组织实施 ·· 95
　　　三、辐射事故应急措施 ·· 97
　　第三节　《核与辐射事故应急响应指南》应用 ···································· 101

第三篇　业务知识篇

第一章　放射性物品道路运输驾驶人员 ·· 107
　　第一节　驾驶人员基本要求 ·· 107
　　　一、驾驶人员的职业道德规范 ·· 107
　　　二、驾驶人员的基本要求 ·· 109
　　第二节　放射性物品道路运输车辆基本要求 ······································ 110
　　　一、车辆的基本要求 ·· 111
　　　二、车辆的安全设施 ·· 117
　　第三节　驾驶人员操作要求 ·· 122
　　　一、出车前的操作要求 ··· 122
　　　二、运输过程中的操作要求 ··· 123

第二章　放射性物品道路运输押运人员 ·· 131
　　第一节　押运人员基本要求 ·· 131
　　　一、押运人员的基本要求 ·· 131
　　　二、押运人员的职业道德 ·· 132
　　　三、押运人员的岗位职责 ·· 134
　　第二节　押运人员工作要求 ·· 136
　　　一、出车前的安全检查 ··· 136
　　　二、装载作业过程的监督和检查 ·· 136
　　　三、起运前的准备工作 ··· 137
　　　四、运输途中的监督与检查 ··· 138
　　　五、运输完毕的交结 ·· 139
　　　六、押运途中的辐射防护措施 ·· 140

第三章　放射性物品道路运输装卸管理人员 ··· 141
　　第一节　装卸管理人员基本要求 ··· 141
　　　一、装卸的概念 ·· 141
　　　二、放射性物品装卸地位 ·· 141
　　　三、放射性物品装卸特点 ·· 142

四、放射性物品装卸分类 ·················· 142
　　五、装卸管理人员的基本要求 ·············· 143
　第二节　装卸机械设备的基本条件 ············ 144
　　一、运输车辆条件 ························ 144
　　二、装卸机械设备的基本要求 ·············· 145
　　三、装卸机械设备的特殊要求 ·············· 146
　第三节　装卸管理作业要求 ·················· 146
　　一、装卸过程的基本要求 ·················· 146
　　二、装卸的防护要求 ······················ 151
附录1　核与辐射事故案例简介 ················ 153
附录2　相关法规更改的说明 ·················· 160

概　述

随着我国国民经济建设速度的加快,公路建设取得了重大进展。截至 2017 年年底,全国公路网总里程达到 477.35 万 km,其中,高速公路通车里程达到 13.65 万 km,农村公路通车里程达到 400.93 万 km。公路建设的发展为道路运输提供了良好的基础平台,使得全国道路运输能力快速提高,客货运输量持续增长。2017 年,全国拥有公路营运汽车 1450.22 万辆,其中载货汽车 1368.62 万辆,全社会完成货运量 368.7 亿 t、货物周转量 66771.5 亿 t·km。

在国民经济快速发展的过程中,由于放射性物品的特殊作用,使得在农业、工业、医学、科研、核工业、服务业等国民经济各个领域的应用愈来愈广泛。近年来,随着国民经济的迅速发展,各行业对放射性物品的需求也日益增加。因道路运输的机动性强、灵活、门到门等特点,致使放射性物品道路运输量呈快速上升趋势。

放射性物品释放出的射线往往是人体感觉器官难以察觉的。它会通过从外部照射皮肤和机体,或通过口腔、食道、受伤的皮肤等途径进入人体,从内部照射内脏器官等方式来作用于人体,使机体产生不同程度的损伤效应。特别是当今人类进入高科技时代,核电开发、食品的辐射保鲜、核方法在医疗诊断和科研上的广泛应用等,使得人们与放射源相关的活动增多,与放射性物品接触的机会明显增加。

在放射性物品道路运输、装卸作业过程中,稍有不慎,泄漏的放射性物品则会通过食物、水、土壤、空气等环节直接或间接地作用于人体或环境中的其他物品,进而对人体或环境产生深远而不可估量的危害。因此,在放射性物品道路运输量不断上升的同时,加强道路运输、装卸作业等过程中的辐射防护工作,确保运输、装卸等作业过程的安全,是减少或避免放射性物品道路运输从业人员及公众受放射性照射极其重要的工作。

放射性物品道路运输是一项技术要求严格的工作过程。为了确保放射性物品道路运输的安全与高效,在整个运输、装卸等多个环节都有许多专门、特殊的规定,比如根据所运输物品的放射性等级分类,装卸作业机具的可靠性有特殊要求;专用车辆必须采取特殊的安全防护措施才可运输;辐射防护措施和防护用品的佩戴有专门要求等。而这些特殊规定和专门要求,都需依靠放射性物品道路运输从业人员来掌握和遵守,因此,从业人员的职业素质和操作技能的高低均会直接影响到放射性物品道路运输安全。但近年来,由于社会对放射性物品应用的需求量增长迅速,加之我国放射性物品道路运输行业的基础差异较大,放射性物品道路运输从业人员,包括管理人员的文化基础和专业知识素养都与放射性物品道路运输所需求的高素质存在一定差距,使得放射性物品道路运输存在一些安全隐患。

　　保证安全运输是放射性物品道路运输实现社会效益和经济效益的前提条件。放射性物品以其特殊的性能,在安全条件下可创造经济价值,造福于人类;而在不安全条件下则会给人类带来重大灾害。在现阶段,必须针对我国放射性物品道路运输从业人员的现状,加强从业人员有关放射性物品道路运输法律法规、基本常识、运输容器知识、放射性物品特性以及应急处理措施及操作规程等相关知识的技术培训、教育和指导,通过培训来进一步提高他们的法律意识、职业道德和放射性物品专业知识与技能,以确保放射性物品道路运输安全,适应社会对放射性物品从业人员素质发展的需要。

第一篇

基础知识篇

第一章　放射性基本常识

第一节　放射性基本常识

运动是物质最根本的属性。放射现象也是物质运动的一种形式,但它是发生于原子核内的微观现象。这种形式的运动会使物质发生质的变化。

放射现象是1896年由法国物理学家贝可勒尔在研究铀盐的实验中发现的,并通过实验证明具有放射性的物质所发出的射线具有类似X射线的某些特性。接着,卢瑟福、索迪和居里夫妇等科学家通过实验证实,放射现象发生于那些不稳定的原子核内,它们在发生放射现象以后会变成另一种新的原子核。也就是说,放射现象的本质就是放射性核素的原子核自发地转变为另一种原子核的过程。

一、原子及原子核的结构

为了理解物质的放射性特性,必须了解原子及原子核的结构。

19世纪末以前,人类仅认识到物质是由原子构成的,以为物质最终不能再分割的最小单位是原子。然而,当1895年发现X射线,1896年发现放射现象以及1897年发现电子以后,新的物质结构学说就应运而生。

人们开始认识到,地球上所有物质都是由各种不同的元素组成的,而构成某一元素的最基本单位是该元素的原子。但原子还不是物质的最小单位,它还可以继续分成原子核和电子。其中,原子核带正电荷,还可继续再分为质子和中子。而电子带负电荷且围绕着原子核在不停地运动。

不同元素的原子具有不同性质,但它们的构造十分相似,其基本结构如图1-1-1所示。

正常情况下,电子所带的负电荷数刚好等于原子核所带的正电荷数,原子呈电中性。

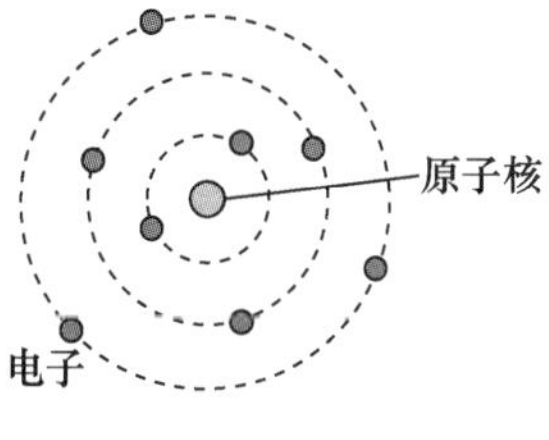

图1-1-1　原子的基本结构

下面讨论原子的质量和原子相对质量之间的关系。

就原子的质量而言,由于原子是由原子核和电子组成的,所以,原子的质量就等于原子核的质量与电子的质量之和,即:

$$原子的质量 = 所含原子核的质量 + 所含电子的质量 \qquad (1\text{-}1\text{-}1)$$

诸多科学实验发现,电子的质量和原子核的质量相差很远。比如,最轻的氢原子核

的质量是 1.67243×10^{-24} g，而它一个外层电子的质量却只是 9.1085×10^{-28} g，二者质量比是：

$$\frac{电子的质量}{氢原子核的质量} = \frac{9.1085 \times 10^{-28}}{1.67243 \times 10^{-24}} \approx \frac{1}{1836} \quad (1\text{-}1\text{-}2)$$

即：一个氢原子核的质量大约是一个电子质量的1836倍。由此可知，电子的质量要比原子核的质量轻很多。所以，在计算原子的质量时，电子质量可忽略不计。这样，原子的质量就约等于原子核的质量，即：

$$原子的质量 \approx 原子核的质量 = 所含质子的质量 + 所含中子的质量 \quad (1\text{-}1\text{-}3)$$

由上例可看出，原子的实际质量都很小，若直接使用其实际质量来计算会非常麻烦。比如：一个氢原子的质量为 1.674×10^{-27} kg，一个氧原子的质量为 2.657×10^{-26} kg。为了简单方便，提出了"相对质量"的概念。

相对质量实际上就是以一种碳原子（原子核内有6个质子和6个中子的一种碳原子，即碳-12）的实际质量的1/12（约 1.667×10^{-27} kg）作为标准，其他原子的实际质量跟该标准的比值，就是该原子的相对原子质量，即：

$$相对原子质量 = \frac{一个原子的实际质量}{碳\text{-}12的实际质量 \times \frac{1}{12}} \quad (1\text{-}1\text{-}4)$$

根据上式可计算得到，氧原子的相对原子质量为：$2.657 \times 10^{-26} / 1.667 \times 10^{-27} \approx 16$，即氧原子的相对原子质量为16。公式（1-1-4）中的分母，即碳-12实际质量的1/12被称为"原子质量单位"，1个原子质量单位约等于 1.667×10^{-27} kg。

那每个质子或中子的质量又大约等于多少呢？经过测定，一个质子和一个中子的质量均约等于1个原子质量单位。按照上述计算相对质量的方法可知，一个质子和一个中子的相对质量均约等于1。这样的话，原子的相对质量就约等于质子相对质量与中子相对质量的总和，即：

$$原子的相对质量 = 质子数 \times 质子的相对质量 + 中子数 \times 中子的相对质量$$
$$= 质子数 \times 1 + 中子数 \times 1 \quad (1\text{-}1\text{-}5)$$

假设原子核内含有 Z 个带正电荷的质子和 N 个不带电的中子，则原子质量数 A 就等于：

$$质量数(A) = 质子数(Z) + 中子数(N) \quad (1\text{-}1\text{-}6)$$

式中，A 为原子质量数，是一个没有量纲的数，其值等于原子核内质子数与中子数之和。

由公式（1-1-5）和公式（1-1-6）可知，原子相对质量和原子质量数数值相等，但需注意的是，原子相对质量和原子质量数的概念和内涵均不同。

通常情况下，原子核内的质子数越大，核外电子数也越多。核外电子并不是聚集到一起围绕原子核转的,而是按照一定的轨道层分布的(类似于包括地球在内的8颗行星在各自的轨道上绕着太阳在转。这里的原子核就可看作是太阳,而电子就可看作是各轨道上的行星)。

在各层轨道上绕行的电子均具有一定的能量。其中,位于最内层轨道的电子能量最低,越往外轨道的电子能量越高。原子在正常状态下时,电子是在距原子核最近的轨道上运行,此时原子能量最小,也最为稳定。当从外界输送能量给原子时,电子可以吸收外来能量而从能量较低的轨道跃迁至能量较高的轨道(电子从内层跃迁到外层或脱离原子),这种现象叫作激发,此时原子处于激发状态。若激发的能量很大,会使得轨道上的电子能够脱离原子核的吸引力而自由运动,成为电离状态;反之,能量较高的轨道电子也可以跃迁到能量较低的轨道,而多余的能量视其大小不同,以X射线或可见光的形式释放。

二、元素、核素和同位素

1. 元素

在化学学科中,元素是指原子核里质子数(即核电荷数)相同的一类原子,是构成物质的基本单元。从这点看,一种元素跟另一种元素之间最本质的区别是质子数不同。原子是具备该元素化学性质的最小单位。

早在19世纪60年代,门捷列夫就指明了元素的化学性质随元素的原子量增加而呈现出周期性的变化,并制订了元素周期表。至今人类已经掌握了118种元素的信息,其中93号以后的元素都是通过人工方法获得的。随着科学技术的不断发展,人类将会不断获得新的元素。

2. 核素

核素是指具有一定数目质子和一定数目中子的一种原子。通常用符号$^A_Z X$来表示核素,其中,X表示元素符号,A表示原子质量数(即中子数和质子数之和,或称核子数),Z表示质子数。例如:原子核里有6个质子和7个中子的碳原子,质量数是13,用$^{13}_6 C$来表示该核素。

由于原子核中,每个质子带一单位正电荷,中子则不带电,所以原子核所带的正电荷数(即核电荷数)在数值上刚好等于原子核内的质子数;原子序数是指元素在周期表中的序号,其数值也等于原子核内的质子数或中性原子的核外电子数。所以可得出以下结论:核电荷数=质子数=原子序数。如:$^{238}_{92}U$表示核素铀-238,该核素的质子数为92,原子序数也为92,原子质量数为238。

根据核素的原子质量数A和质子数Z及所处能量状态m的差异,可分为:同位素、同质异能素和同质异位素。此外,按照原子核稳定与否,核素还可分为不稳定性核素和稳定性核素两类。由于不稳定性核素具有放射性,所以不稳定性核素也称为放射性核素。

3. 同位素

同位素是具有相同的质子数（或原子序数），但原子质量数不同的核素。例如，$^{238}_{92}U$、$^{235}_{92}U$、$^{234}_{92}U$ 这三种核素的原子核里都有 92 个质子数，它们都属于元素铀的三种同位素。显然，同位素只能限于某个元素而言，如上述的 $^{238}_{92}U$、$^{235}_{92}U$ 和 $^{234}_{92}U$ 是铀的同位素，$^{1}_{1}H$、$^{2}_{1}H$ 和 $^{3}_{1}H$ 是元素氢的同位素等。

同位素的化学性质相同，但原子质量数不同，这是由于原子核中的中子数不同导致的。因此，同位素也就是原子核中质子数相同而中子数不同的原子。同位素有稳定的有不稳定的。不稳定性同位素也称为放射性同位素。

4. 同质异能素

同质异能素是指具有相同的原子质量数和质子数，但处于不同能量状态的核素。如：运输时常遇到的"发生器"中装的 $^{99}_{43}Tc$ 和 $^{99m}_{43}Tc$。后者中的 m 表示该核素原子核处于激发态。显然，$^{Am}_{Z}X$ 与 $^{A}_{Z}X$ 的差别仅在于能量状态的不同，所以，$^{Am}_{Z}X$ 与 $^{A}_{Z}X$ 之间又互称为同质异能素。

5. 同质异位素

同质异位素是指具有相同的原子质量数而原子序数（或质子数）不同的核素。如：$^{3}_{1}H$、$^{3}_{2}He$ 这两种核素的原子质量数相同但原子序数不同。

三、射线种类及其特性

根据上述内容所知，某些元素的原子核不稳定，会自发地放射出某种肉眼看不见也感觉不到，且只能用专门的仪器才能探测到的射线，进而转变成别种元素的原子核现象，称之为放射现象。元素的这种性质叫放射性。

具有放射现象的物质（物品）称为放射性物质（物品），按其获得方法可分为天然放射性物质（物品）和人工放射性物质（物品），常用的放射性物质（物品）大部分都是人工的。

通常，放射性物质所放出的射线大致有3种：α（阿尔法）射线、β（贝塔）射线和γ（伽马）射线。此外，还有中子流和 X 射线。由于各种射线的性质不同，致使其对人体的危害性以及防护方法都有很大不同。

1. α 射线

α 射线是从放射性物质的原子核中放射出来带正电荷的 α 粒子流，实际上就是惰性气体氦的原子核（$^{4}_{2}He$）。

α 射线一般是从原子量较大的化学元素（如天然铀）的原子核中发射出来。α 粒子的质量和氦核相等，为氢原子核的 4 倍，且带有 2 个正电荷，所以它在物质中（如空气中)穿行较困难,即穿透能力很低。如:天然铀释放出的α射线,在空气中的射程仅3cm左右,很快就把能量传给被照射物质。

通常人类的皮肤(损伤的皮肤例外)或一张纸即可挡住α粒子。因此,α射线引起的外照射危害可忽略不计。但由于α粒子的电离能力很强,一旦进入人体内(即形成内照射),则会使人体器官和组织在电离作用下受到严重损伤,且致伤集中,不易恢复。如通过呼吸、饮食等途径,放射性物质则有可能(若违反安全防护规则)进入体内(消化道或气管),这时α射线将直接作用于体内组织,破坏内脏的细胞。因此,α粒子的内照射危害最大,要特别注意防止能放射出射线的物质进入人体内。

2. β射线

β射线是从放射性物质的原子核里释放出来带一个单位电荷的高速电子流。

由于β粒子实际上就是电子(包括正电子和负电子),所以β衰变可分为"正β衰变"和"负β衰变"两种。在"正β衰变"中,原子核内一个质子转变为一个中子,同时释放一个正电子(即$β^+$粒子),而使原子核的质子数减少1(同时中子数增加1,核的总质量数不变);在"负β衰变"中,原子核内一个中子转变为一个质子,同时释放一个负电子(即$β^-$粒子),而使原子核的质子数增加1(同时中子数减少1,核的总质量数不变)。

由于β粒子所带电量仅为α粒子的一半,且质量又极其微小,所以β射线对周围介质的电离能力要比α射线小得多。但正因为质量轻,所以β射线在物质中穿行时,要比α射线更容易,即β射线比α射线具有更大的穿透能力,射程较远。如:磷-32(^{32}P)衰变时放出的β粒子在空气中的射程可达10m。因此,β粒子(射线)不仅能进入体内引起损伤效应(内照射危害),在体外若距离人体较近仍可对人体造成危害(外照射危害)。

根据β射线的性质,可采用适当屏蔽物来减弱β射线的强度,如铝板或有适当厚度的有机玻璃板等。

3. γ射线

γ射线是一种波长很短的电磁波,即光子流,不带电。所以γ射线与普通无线电、可见光的实质是一样的,都是由电磁波构成。

由于γ光子不带电荷,且不易被其他物质吸收。通过障碍物时,能量的损失只是其数目逐渐减少,而剩余γ光子的速度不变。因此,在3种常见射线中,γ射线的穿透能力最强,它是β射线的50～100倍,是α射线的1万倍,能透过厚达300mm的钢板,因此要完全阻挡或吸收γ射线是很困难的。

换句话说,γ射线对机体的外照射危害较大。但γ射线的电离能力最弱,只有α射线的1/1000、β射线的1/10,且不会滞留在体内,所以其对人体基本上不存在内照射危害,而应主要防护γ射线所造成的外照射。

为了减弱γ射线的强度,通常可采用重金属作屏蔽物,如:铅(Pb)、铁(Fe)等对γ射线都具有显著的屏蔽作用。

4. X射线

X射线是一种短波长的电磁波,波长介于γ射线和紫外线之间。它由德国物理学家W·K·伦琴于1895年发现,故又称伦琴射线。

X射线由于波长短,所以具有强大的穿透能力,能透过可见光不能透过的物质,其中包括肌肉、骨骼、金属、纸张等,能伤害及杀死有生命的细胞。这种肉眼看不见的X射线还可使很多固体材料发生可见的荧光,能使照相乳胶感光以及空气电离等。此外,由于X射线不带电荷,故不受电场和磁场影响。

X射线性质和γ射线大体相同,所以把它们统称为光子。如上所述,两者区别在于γ射线是从某些放射性物质(如钴、铀、镭等)原子核里放射出来;而X射线是由原子核外电子壳层中发射出来的。X射线和γ射线都不带电,不能直接引起电离,但它们穿透能力极强,能穿透物质,进而使核外电子成为高速飞行的自由电子,这些电子则可以发生电离作用。X射线防护主要采用外照射防护。

5. 中子

中子是一种不带电的基本粒子,在自然界里中子并不单独存在,它是在原子核受到外来粒子的轰击时才从原子核里释放出来的。运输过程中常见的"中子源"就能放出中子流。中子源是将某些放射性物质与非放射性物质放在一起时,放射性物质衰变时放出的α粒子轰击非放射性物质而放出中子。

由于中子不带电,不能直接由电离作用而消耗能量,因而具有强大的穿透能力。当中子通过物质时,会与物质中的原子核碰撞而损失能量。通常,中子与轻原子核碰撞时损耗的能量较多,而与重原子核碰撞时损耗的能量较少。所以,中子最易被含有很多氢原子的物质和碳氢化合物所吸收,却能顺利通过铁、铅等很重的物质。

中子流的上述特点应特别为人们重视。这是因为人体是一个有机体,有大量的碳、氢等轻质元素,这正是中子的良好减速剂。中子流在人体内长距离穿透时,撞击碳、氢的原子核而发生核反应。这些反应都有γ射线放出,对人体危害极大。

总的来说,中子流对人体的伤害,不论是外照射还是内照射都是极严重的,而且由于重物质挡不住中子流,所以中子弹对人员的杀伤半径要比原子弹大得多,且不毁坏建筑物。也正因为上述这种特点,通常可以用比重较轻的物质吸收中子或使其减速,如水、石蜡和其他碳氢化合物或水泥等。

上述介绍的几种射线,它们虽然不能直接被人的感官觉察出来,但在实际生活中却是无处不在。特别是当今人类进入高科技时代,核电的开发、食品的辐射保鲜、核方法在医疗诊断和科研上的应用等,都直接利用射线。同时,生活在地球上的人们也每时每刻都吸入和食入一定数量的放射性物质,每个人都不可避免地受到来自地壳(岩层和土壤)和空间某些射线的作用。总之,放射性物质和射线时刻与人同在,它们并不是什么神秘的东西。各种射线特性比较见表1-1-1。

第一章 放射性基本常识

各种射线特性比较 表 1-1-1

射线种类	α 射线	β 射线	γ 射线	中子流①
射线本质	粒子流	电子流	光子流	粒子流
极性	正	负	不带电	不带电
电离能力	很强	较弱	很小	不电离
穿透能力	很弱	中等	很强	很强
主要伤害	内辐射	外辐射	外辐射	内辐射和外辐射
射程	空气 2.7~12cm；生物 35μm	空气 7~20m；生物 8mm	铅 5cm；混凝土 20~30cm；泥土 50~60cm；空气数百米	氢、轻物质（人体、HC 物、水）吸收中子流；重物质（金属、建筑物）不吸收中子流
主要吸收屏蔽材料	空气、铝箔	铝板、有机玻璃、薄铁片、木材、塑料	铅板、铁板、铅玻璃、铅橡皮、混凝土、岩石、砖、土壤、水	水、石蜡、硼酸

注：①中子流在自然界不单独存在。

四、放射性物质衰变规律和半衰期

放射性物质的原子核因放出某种射线或粒子而转变为另一种原子核的变化叫作"衰变"。不稳定（即具有放射性）的原子核在放射出射线或粒子及能量后可变得较为稳定，这个过程称为衰变。

衰变是自发地、连续不断地进行，且不受任何外界条件（如温度、压力等）的影响，一直衰变到原子处于稳定状态才停止。但是，完成衰变的过程中，有的物质快，有的物质慢。为了表示放射性物质衰变的快慢，采用"半衰期"这个概念。半衰期是指放射性物质的原子核有半数发生衰变时所需要的时间。每种放射性物质的半衰期是恒定的，但各种放射性物质的半衰期却不同。如镭-226 的半衰期是 1620 年，磷-32 的半衰期是 14.3 天，碘-131 的半衰期为 8.04 天，硼-12 的半衰期只有 0.027s。

对于运输储存来说，了解半衰期是十分重要的。经过 n 个半衰期后，放射性物质中只剩下 $1/2^n$ 的原子还有放射性，而其余的都已蜕变成没有放射性的新原子核。比如：经过 4 个半衰期，放射性物质的有效成分只剩下 1/16。若其余 15/16 的放射性原子的衰变都是发生在运输储存过程中，而没有发挥任何有益的作用，损失就太大了。所以，半衰期短的放射性物质运输要优先于半衰期长的放射性物质。

半衰期长短对内照射防护也是十分重要的。半衰期短的放射性物质若滞留在人体内，过一段时间其放射性会自行减弱直至消失；而半衰期长的放射性物质若滞留在人体内，其对人体的危害是长期的。

五、放射性活度和比活度

1. 放射性活度

放射性活度也称放射性强度,是指单位时间内放射性物质衰变的次数,是度量放射性物质放射性强弱程度的一个物理量。某放射性物质在每秒内衰变的原子数目越多,或其放射出的相应粒子数目越多,那这种物质的放射性活度就越大。

目前,放射性活度的国际制单位是贝可勒尔,简称贝可,用符号 Bq 表示。1Bq 等于放射性物质在 1s 发生 1 次衰变,即 $1Bq = 1s^{-1}$,贝可单位很小,常用千贝可(kBq)、兆贝可(MBq)等单位。放射性活度的旧单位是居里(Ci),新旧单位换算如下:

$$1kBq = 10^3 Bq, 1MBq = 10^6 Bq$$
$$1Ci = 10^3 mCi = 10^6 \mu Ci = 3.7 \times 10^{10} Bq = 3.7 \times 10^4 MBq$$

比如,1g 的镭放射性活度为 $3.7 \times 10^{10} Bq$,表示镭 1s 衰变 3.7×10^{10} 次。有了放射性活度,半衰期的概念就可转换成放射性物质的活度减少到原来一半所需要的时间。如 $3.7 \times 10^3 MBq$ 的磷-32,半衰期为 14.3 天。经过 43 天后,其活度为多少?43 天经过了 3 个半衰期,其活度还有 $3.7 \times 10^3 MBq$ 的 $1/2^3$,即还有 $12.5 \times 37 MBq$。

应当指出,活度相同的两种放射性物质,只表示它们在每秒钟内发生的核衰变数目相同,并不表示放出的射线种类数目相同。如当 ^{60}C 和 ^{226}Ra 的放射性活度相同时,前者比后者多放出一个 γ 射线。

2. 放射性比活度

放射性比活度简称比活度,是指放射源的放射性活度与其质量(或体积)之比,即单位质量(或体积)产品中所含某种核素的放射性活度,又称比放射性或放射性比度。其符号为 C,计算公式为:

$$放射性比活度(C) = \frac{放射性活度(A)}{放射性物质的质量(M)} \qquad (1-1-7)$$

放射性比活度的计量单位是:Bq/kg(贝可/千克)、Bq/g(贝可/克)或 MBq/mg(兆贝可/毫克)等。此外,放射性溶液的比活度常用单位体积溶液中的活度表示,单位为 Bq/mL(贝可/毫升)。在标记化合物中,比活度还常用每毫摩尔分子所含的放射性活度来表示,如 MBq/mmol(兆贝可/毫摩尔)、Bq/mmol(贝可/毫摩尔)等。

使用放射性比活度,可以更确切地表示某种物质放射性活度的大小。通常用放射性比活度来度量某一种物质是否应列入放射性物质。

六、常用放射性辐射量及其单位

辐射是指由放射性物质衰变过程中释放出的 α、β、γ、X 和中子等射线,作用于物质使其发生电离现象(即原子或分子获得或失去电子而成为离子)。辐射通过与物质的相互作用,把能量传给受照射的介质,并在其内部引起各种变化。为了表征辐射的性质、强弱和度量辐射作用于介质时的能量传递及受照介质内部变化的程度和规律,规定了一系列辐射量及其单位。

由上述对放射性活度和比活度的描述可知,活度是从放射体的角度来衡量射线能量大小,而剂量则是从射线接受体(物质或人体)的角度来衡量射线能量大小。剂量是表示受照射物质在单位质量(或体积)内吸收射线的能量值。常用剂量单位有照射量、吸收剂量、剂量当量三种。

1. 照射量与照射量率

照射量是指γ或X射线在单位质量空气中产生电离电荷多少的物理量。可见,照射量是根据γ或X射线在空气中的电离能力来度量其辐射强度的物理量。它只限于X射线和γ射线在单位质量的某一体积元内的空气介质中产生电离电荷多少的一个辐射量,不能度量暴露在该辐射场中的物质所吸收的能量。

照射量的法定单位是 C/kg(库仑/千克)。暂时并用的专用单位是伦琴,简称伦(R)。

$$1R = 2.58 \times 10^{-4} C/kg$$

照射量率被定义为单位时间内的照射量。其单位是 C/kg·s(库仑/千克·秒)、R/s(伦琴/秒)等。

2. 吸收剂量与吸收剂量率

吸收剂量是指单位质量被照射物质吸收电离辐射能量大小的一个物理量。即单位质量物质所吸收射线的能量。吸收剂量适用于任何类型的电离辐射、任何介质,是反映被照射介质吸收辐射能量程度的物理量。

吸收剂量的国际制单位是:J/kg(焦耳/千克),专用名称为 Gray(戈瑞),记为 Gy,也可记为 Rad(拉德),$1Gy = 1J/kg = 100Rad$。显然,照射量就可以看作是被照射者为空气时的吸收剂量。

吸收剂量率是单位时间内单位质量物质所吸收的辐射剂量,其单位是:J/kg·s(焦耳/千克·秒)、Gy/s(戈瑞/秒)或 Rad/s(拉德/秒)等。

3. 剂量当量与剂量当量率

人体受到辐射时,虽然机体的吸收剂量相同,但由于辐射类型和照射条件各不相同,可能产生完全不同的伤害。因此,提出"剂量当量"的概念,其值等于吸收剂量、射线品质因素系数和其他一切修正因子的乘积。即:

剂量当量 = 吸收剂量 × 射线品质因素系数 × 其他修正因素系数

国际制单位是:希沃特、希伏(Sv),$1Sv = 1J/kg$。

在日本福岛核事故后,人们常谈到的"希伏"、"豪希伏"、"微希伏"等就是放射性物质的剂量当量单位。剂量当量衡量的是辐射对人体或生物组织的伤害(见图1-1-2)。

图 1-1-2　放射性物品照射人体

辐射剂量当量率是指单位时间内所受到的剂量当量,简称剂量当量率,又称辐射水平。其计量单位为 Sv/s(希沃特/秒)、mSv/h(毫希沃特/小时)等。显然,时间越短,剂量当量越大,则货物的辐射水平就越高,说明该放射性物质的放射危险性越大。所以,辐射水平是一个很重要的参数。

综上所述,吸收剂量是说明单位质量的介质吸收辐射能量的大小,而剂量当量则说明吸收了上述能量对人体组织可能带来的危害大小。单位质量人体组织吸收了相同的辐射能量,由于辐射射线不同,剂量当量的数值可能会有很大的差异。如同样的吸收剂量,X 射线、γ 射线和电子的剂量当量与吸收剂量大致相同,而中子带来的危害 10 倍于 X 射线、γ 射线和电子,所以其剂量当量 10 倍于吸收剂量,而如果是 α 射线辐射,其剂量当量 20 倍于吸收剂量。

4. 最大容许剂量

随着放射性元素、同位素及其制品的应用和运输量的不断增长,接触放射性物质的人也越来越多。为确保人身安全,提出和制定了"最大容许剂量当量"的概念和限值。最大容许剂量当量是指当放射性工作人员接受这样的剂量照射时,肌体受到的损伤被认为是可以容许的,即在他的一生中及其后代身上,都不会发生明显的危害,即或有某些效应,其发生率极其微小,只能用统计学方法才能察觉。当然,在实际工作中,即使在最大容许剂量当量范围内,仍应争取将辐射的强度减至尽可能低的程度。

在《电离辐射防护与辐射源安全基本标准》(GB 18871—2002)中,规定了电离辐射防护的最大容许剂量当量和限制剂量当量,见表 1-1-2。

我国电离辐射防护有关剂量当量的规定　　　　表 1-1-2

剂量当量限值分类		年有效剂量当量限值[①]（mSv）
职业照射	工作人员	由审管部门决定的连续 5 年平均　20
		任何一年中　50
		眼晶体　150
		四肢(手和足)或皮肤　500
	16~18 岁学生、学徒工和孕妇	任何一年中　6
		眼晶体　50
		四肢(手和足)或皮肤　150

第一章 放射性基本常识

续上表

剂量当量限值分类		年有效剂量当量限值①（mSv）	
公众照射	公众人员	一年	1
		特殊情况②	5
		眼晶体	15
		皮肤	50
	慰问者和探视人员③	成人	5
		儿童	1

注：①包括天然本底辐射和医疗照射。
②连续5年的平均剂量不超过1mSv，则某一单一年份可提高到的数值。
③在患者诊断和治疗期间。

第二节 放射性物品的用途

放射性物品与人类社会生活关系极为密切，它可广泛地应用于工业生产、农业生产（包括农副产品的储存、保鲜等）、科学研究、医疗卫生、军事和公安等方面。

在工业应用方面，放射性物品可用于工业生产、加工、计量等多种环节。它可使工业生产连续化、自动化；还可提高产品质量，减少原材料消耗、节省时间和能源、提高工作效率、减轻劳动强度等。比如，利用放射性同位素辐射出的射线具有穿透性这一点，可制成各种测定仪表。目前已应用于实际的有：测厚仪、料位计、探伤机、核子秤、火灾报警器等。在机动车辆制造过程中，放射性同位素被广泛应用。机动车辆机件大多需要承受压力，它们大部分是铸造的，若铸造质量不好，受压后会快速损坏。要保证这些交通工具的制造质量，就必须对其进行检查。现在检查焊接和铸件质量的方法之一，就是利用放射性同位素放出的γ射线进行探伤。如：利用钴-60或铯-137进行γ射线探伤，用来进行检查焊缝质量和机件质量，以保证机动车辆质量良好，避免在行车中发生事故。

在农业应用方面，放射性同位素也可广泛用于培育良种、农副产品保鲜、农药、培植奇异花卉的品种等方面。科学家们利用射线能引起生物体内电离，使有机化学键结构发生改变这一原理，人为地、有目的地对小麦、水稻、棉花等种子进行照射，使它高产、早熟和增强抗病力。如：用放射性同位素钴-60辐射出的γ射线照射水稻种子，使培育出的水稻产量高达每亩400~650kg。另外，用放射性同位素辐照蔬菜、粮食、水果等，可杀死寄生虫或病菌，有利于保鲜、储存。如辐照过的猪肉，保鲜期延长且味道不变。白兰瓜极难储存，放在仓库里的腐烂损耗率在30%左右，而辐照过的白兰瓜存放两个月，腐烂损耗率只有16.7%。辐照过的酒可提高醇香度，相当于放置几年或几十年。目前，我国已批准对大蒜、花生、土豆、稻谷、洋葱等多种农副产品进行辐照保鲜、储存食用。对于一些不利于化学灭菌、加热灭菌或必须保证外观的食品,最适宜用辐照灭菌的方法。

在临床医学中,应用放射性同位素进行诊断和治疗已是必不可少的一种方法。根据患者病症、部位及诊断项目,将一定剂量的某种放射性同位素注入或食入患者体内,进行病灶器官的扫描或照相,确定病灶部位及大小(如骨、肝、肾、脑、肺的扫描或照相)及血液动力学的检查。利用射线能使机体细胞发生电离,产生一系列的生化反应,从而杀死或抑制各种癌细胞的生长达到治疗目的这一原理来治疗癌症、血管瘤、皮肤病(包括腋臭的治疗等)。治疗时,一般采用体外照射的方法或注射含有放射性同位素的药剂进行体内照射治疗。

此外,在国防和公安方面,放射性物品也有着广泛的应用。再如:原子弹、氢弹、中子弹等大型核武器,以及利用放射性同位素发出的射线能激发某些物质发出荧光的原理制成的发光剂,可以涂在飞机、坦克、装甲车、军舰、潜艇的仪器仪表、指示器或瞄准器上,便于夜间操作。比如,安装在机场、车站、海关进出口的危险物品 X 射线、中子或 γ 射线透视机,主要是利用射线的穿透能力将包裹或物体内部的危险物品在荧光屏或胶片上显示出来,如炸药、雷管、枪支弹药等。

第二章 放射性物品分类与名录

放射性物品种类繁多，且不同放射性物品的特性和潜在环境风险不同。为了突出重点、区别对待、科学监管，国家对放射性物品道路运输进行了分类管理。分类管理的原则不仅要体现在运管机构的行政许可、管理方面，也要体现在对从业人员的培训和管理方面。

第一节 放射性物品的定义和分类

一、放射性物品的定义

放射性物品是指"含有放射性核素，并且其活度和比活度均高于国家规定的豁免值的物品"。通俗讲，放射性物品就是含有放射性核素，并且物品中的总放射性含量和单位质量的放射性含量均超过国家免于监管的限制物品。

上述提到的"国家规定的豁免值"是指不超过《放射性物质安全运输规程》(GB 11806—2004)中的"表1 放射性核素的基本限值"和《放射性物品分类和名录》(试行)的"表2 放射性核素的基本限值"中的"豁免物品的放射性比活度 Bq/g"及"一件托运货物的豁免放射性活度限值 Bq"。

在《放射性物品运输安全管理条例》(以下简称《条例》)第二条中也规定"本条例所称放射性物品，是指含有放射性核素，并且其活度和比活度均高于国家规定的豁免值的物品"，从法律层面对放射性物品进行了定性的阐述。

显然，豁免值以下的含放射性核素的物品，不适用《条例》。

二、放射性物品的分类

放射性物品根据其特性及对人体健康和环境的潜在危害程度分为三类。即：一类放射性物品、二类放射性物品和三类放射性物品。同时，又根据放射源的强度等性质，从高到低将放射源分为Ⅰ类、Ⅱ类、Ⅲ类、Ⅳ类、Ⅴ类。

一类放射性物品：是指Ⅰ类放射源、高水平放射性废物、乏燃料等释放到环境后对人体健康和环境产生重大辐射影响的放射性物品。

二类放射性物品：是指Ⅱ类和Ⅲ类放射源、中等水平放射性废物等释放到环境后对人体健康和环境产生一般辐射影响的放射性物品。

三类放射性物品：是指Ⅳ类和Ⅴ类放射源、低水平放射性废物、放射性药品等释放到环境后对人体健康和环境产生较小辐射影响的放射性物品。

放射性物品分类及与有关产品的关系见表1-2-1。实践中,常见的一类放射性物品如辐照用钴-60放射源、γ刀治疗机、乏燃料等,二类放射性物品如测井用放射源、中水平放射性废物等,三类放射性物品如爆炸物检测用放射源、低水平放射性废物、放射性药品等。

放射性物品分类及与有关产品 表1-2-1

放射性物品	放 射 源	其他放射性物品
一类	Ⅰ类	高水平放射性废物、乏燃料、钴-60放射源、γ刀治疗机、医用强钴源、工业辐照强钴源、锎-252中子源原料等
二类	Ⅱ类、Ⅲ类	中等水平放射性废物、测井用放射源、铯-137等密封放射源
三类	Ⅳ类、Ⅴ类	低水平放射性废物、放射性药品、爆炸物检测用放射源铯-137(0.5mCi)子母源罐等

有关放射性物品的基本特性,需要注意的是,具有放射性,能自动放出α、β或γ等射线是所有放射性物品的主要特性,且这种特性不能通过使用化学方法中和(比如用酸来中和碱等)来使其不能放出射线。除此之外,有一些放射性物品还具有其他诸如毒性、腐蚀性、易燃性等危险特性,比如钋-210、镭-226等就具有很强的毒性。所以,在进行放射性物品运输安全防护时,除了密切关注射线照射危害外,还应注意防护其他危险特性。

此外,由于放射性物品种类繁多,不同放射性物品的特性和潜在风险均有所不同,所以还应根据具体放射性物品特性采取对应的防护措施。

三、放射源分类

根据《放射源分类办法》(国家环境保护总局2005年第62号公告),放射源从高到低分为Ⅰ、Ⅱ、Ⅲ、Ⅳ、Ⅴ类。

Ⅰ类放射源:为极高危险源,在没有防护情况下,接触这类放射源几分钟至1h就可以致人死亡。

Ⅱ类放射源:为高危险源,没有防护情况下,接触这类放射源几小时至几天可以致人死亡。

Ⅲ类放射源:为危险源,在没有防护情况下,接触这类放射源几小时就可对人造成永久性损伤,接触几天至几周可以致人死亡。

Ⅳ类放射源:为低危险源,基本不会对人造成永久性损伤。但对长时间、近距离接触这些放射源可能对人造成可恢复的临时性损伤。

Ⅴ类放射源:为极低危险源,不会对人造成永久性损伤。

常用的放射源有60多种。

第二节 《放射性物品分类和名录》

为落实《放射性物品运输安全管理条例》第三条规定,加强放射性物品运输安全管理,环境保护部(国家核安全局)、公安部、卫生部、海关总署、交通运输部、铁道部、中国民用航空局、国家国防科技工业局,于 2010 年 3 月 4 日批准了《放射性物品分类和名录》(试行)。《放射性物品分类和名录》(试行)自 2010 年 3 月 18 日起开始施行。放射性物品以《放射性物品分类和名录》中列明的为准。

为了便于用户使用,《放射性物品分类和名录》(试行)的具体内容可在国家环境保护部网站(www.mep.gov.cn)查询。

《放射性物品分类和名录》是从事放射性物品道路运输的重要依据,根据其表可以确定某种物质、物品是否属于放射性物品。同时,放射性物品道路运输的从业人员可以从中获得各种有用信息,用以确保放射性物品道路运输的安全。

一、放射性物品分类原则

放射性物品分类原则是依据国务院《条例》中第三条的规定,根据放射性物品的特性及其对人体健康和环境的潜在危害程度划分的。

二、《放射性物品分类和名录》简介

《放射性物品分类和名录》包括放射性物品、放射性物品举例、容器类型、货包(包件)类型、名称和说明以及联合国编号。具体格式及部分内容见表 1-2-2。

三、放射性物品运输免管

1. 豁免限值规定

根据《放射性物品分类和名录》规定,免于运输监管的放射性物品的比活度或活度不得超过相应的豁免限值,豁免限值规定如下:

(1) 对于含有单个放射性核素的放射性物品,豁免物品的放射性比活度和一件托运货物的豁免放射性活度限值见表 1-2-3。

(2) 对于放射性核素的混合物,可按公式(1-2-1)确定放射性核素的基本限值:

$$X_m = \frac{1}{\sum_i \frac{f(i)}{X(i)}} \qquad (1\text{-}2\text{-}1)$$

式中:$f(i)$——放射性核素 i 的放射性比活度或放射性活度在混合物中所占的份额;

$X(i)$——放射性核素 i 的豁免物品的比活度或者一件托运货物的豁免放射性活度限值的相应值;

X_m——混合物情况下,豁免物品的比活度或一件托运货物的豁免放射性活度限值。

放射性物品分类和名录（部分摘录）

表1-2-2

分类	放射性物品	放射性物品举例	容器类型	货包(包件)类型	名称和说明①	联合国编号
一类	放射性活度大于A_1或A_2值的放射性物品②	如反应堆乏燃料、高水平放射性废物	B(U)	B(U)货包	放射性物品B(U)型货包,非易裂变的或例外易裂变的	2916
			B(U)F	B(U)货包	放射性物品B(U)型货包,易裂变的	3328
			B(M)	B(M)货包	放射性物品B(M)型货包,非易裂变的或例外易裂变的	2917
			B(M)F	B(M)货包	放射性物品B(M)型货包,易裂变的	3329
			C	C型货包	放射性物品C型货包,非易裂变的或例外易裂变的	3323
			CF	C型货包	放射性物品C型货包,易裂变的	3330
	等于或大于0.1kg的六氟化铀		H(U) H(M)	六氟化铀货包	放射性物质六氟化铀,非易裂变的	2978
			H(U)F H(M)F		放射性物质六氟化铀,易裂变的	2977
	……	……	……	……	……	……
二类	I类放射源	医用强钴源、工业辐照强钴源、铜-252中子源原料等	B(U)	B(U)货包	放射性物品B(U)型货包,非易裂变的或例外易裂变的	2916
			B(M)	B(M)货包	放射性物品B(M)型货包,非易裂变的或例外易裂变的	2917
	非特殊形式的非易裂变或例外易裂变,放射性活度不大于A_2值的放射性物品	钼-锝发生器	A	A型货包	放射性物品A型货包,非特殊形式的非易裂变或非特殊形式的例外易裂变的	2915
	……	……	……	……	……	……

第二章　放射性物品分类与名录

续上表

分类	放射性物品	放射性物品举例	容器类型	货包(包件)类型	名称和说明①	联合国编号
二类	II类和III类放射源	铯-137等密封放射源	B(U)	B(U)货包	放射性物品B(U)型货包,非易裂变的或例外易裂变的	2916
			B(M)	B(M)货包	放射性物品B(M)型货包,非易裂变的或例外易裂变的	2917
			A	A型货包	放射性物品A型货包,非特殊形式的非易裂变或例外易裂变的	2915
					放射性物品A型货包,特殊形式③的非易裂变或例外易裂变的	3332
	有限量的放射性物品④	放射性活度小于 7×10^7 Bq的碘-131溶液		例外货包	放射性物品例外货包-有限量的放射性物品	2910
三类		……	……	……	……	……
	VI类和V类放射源	铯-137(0.5mCi)子母源罐	A	A型货包	放射性物品A型货包,非特殊形式的非易裂变或例外易裂变的	2915
					放射性物品A型货包,特殊形式的非易裂变或例外易裂变的	3332
				例外货包	放射性物品例外货包-有限量放射性活度不限	2910

注:①"名称和说明"栏中中文正式名称用黑体字表示,附加中文说明用宋体字表示。

②A_1 或 A_2 值:其中 A_1 为对特殊形式放射性物品的活度限值;A_2 为对所有其他放射性核素的基本限值。A_1 或 A_2 值见表1-2-3放射性核素的基本限值。

③当特殊形式放射性物品结构视为包容系统的组成部分时,该特殊形式放射性物品结构设计须报国务院核安全监管部门批准。

④天然铀、贫化铀或天然钍制品,只要铀或钍的外表面由金属或其他坚固材料制成的非放射性包封,放射活度不限。

放射性核素的基本限值(部分摘录)　　　　　表1-2-3

放射性核素 (原子序数)	A_1 (TBq)	A_2 (TBq)	豁免物品的放射性 比活度(Bq/g)	一件托运货物的豁免 放射性活度限值(Bq)
锕[Ac(89)]				
Ac-225①	8×10^{-1}	6×10^{-3}	1×10^1	1×10^4
Ac-227①	9×10^{-1}	9×10^{-5}	1×10^{-1}	1×10^3
Ac-228	6×10^{-1}	5×10^{-1}	1×10^1	1×10^6
银[Ag(47)]				
Ag-105	2×10^0	2×10^0	1×10^2	1×10^6
Ag-108m①	7×10^{-1}	7×10^{-1}	1×10^1 ②	1×10^6 ②
Ag-110m①	4×10^{-1}	4×10^{-1}	1×10^1	1×10^6
Ag-111	2×10^0	6×10^{-1}	1×10^3	1×10^6

注：①A_1 和/或 A_2 值包括半衰期小于10d的子核素的贡献。
②处于长期平衡态的母核素及其子体如下：

Sr-90	Y-90
Zr-93	Nb-93m
Zr-97	Nb-97
Ru-106	Rh-106
Cs-137	Ba-137m
Ce-134	La-134
Ce-144	Pr-144
Ba-140	La-140
Bi-212	Tl-208(0.36),Po-212(0.64)
Pb-210	Bi-210,Po-210
Pb-212	Bi-212,Tl-208(0.36),Po-212(0.64)
Rn-220	Po-216
Rn-222	Po-218,Pb-214,Bi-214,Po-214
Ra-223	Rn-219,Po-215,Pb-211,Bi-211,Tl-207
Ra-224	Rn-220,Po-216,Pb-212,Bi-212,Tl-208(0,36),Po-212(0.64)
Ra-226	Rn-222,Po-218,Pb-214,Bi-214,Po-214,Pb-210,Bi-210,Po-210
Ra-228	Ac-228
Th-226	Ra-222,Rn-218,Po-214
Th-228	Ra-224,Rn-220,Po-216,Pb-212,Bi-212,Tl-208(0.36),Po-212(0.64)
Th-229	Ra-225,Ac-225,Fr-221,At-217,Bi-213,Po-213,Pb-209
Th-天然	Ra-228,Ac-228,Th-228,Ra-224,Rn-220,Po-216,Pb-212,Bi-212,Tl-208(0.36),Po-212(0.64)
Th-234	Pa-234m
U-230	Th-226,Ra-222,Rn-218,Po-214
U-232	Th-228,Ra-224,Rn-220,Po-216,Pb-212,Bi-212,Tl-208(0.36),Po-212(0.64)
U-235	Th-231
U-238	Th-234,Pa-234m
U-天然	Th-234,Pa-234m,U-234,Th-230,Ra-226,Rn-222,Po-218,Pb-214,Bi-214,Po-214,Pb-210,Bi-210,Po-210
U-240	Np-240m
Np-237	Pa-233
Am-242m	Am-242
Am-243	Np-239

(3) 当已知每个放射性核素的类别,而未知其中某些放射性核素的单个放射性活度时,可以把这些放射性核素归并成组,并在应用公式(1-2-1)时使用各组中放射性核素最小的放射性核素的 X_m 值。

当总的 α 放射性活度和总的 β/γ 放射性活度均为已知时,可以此作为分组的依据,并分别使用 α 发射体或 β/γ 发射体最小的放射性核素的 X_m 值。

(4) 对无数据可用的单个放射性核素或放射性核素混合物,可使用表1-2-3的豁免物品的放射性比活度和一件托运货物的豁免放射性活度限值。

2. 其他免于运输监管物品

下列放射性物品可免于运输监管:

(1) 已成为运输手段组成部分的放射性物品。

(2) 在单位内进行不涉及公路或铁路运输的放射性物品。

(3) 为诊断或治疗而植入或注入人体或活的动物体内的放射性物品。

(4) 已获得监管部门的批准并已销售给最终用户的含微弱放射性物质的消费品。

(5) 含天然存在的放射性核素的天然物品和矿石,处于天然状态或者仅为非提取放射性核素的目的而进行了处理,也不准备经处理后使用这些放射性核素,且这类物品的比活度不超过豁免物品比活度限值的 10 倍。

(6) 表面上被放射性物质污染的非放射性固体物品,且满足如下限制:对 β 和 γ 发射体及低毒性 α 发射体,其量小于 $0.8Bq/cm^2$;对所有其他 α 发射体,其量小于 $0.08Bq/cm^2$。

第三章　放射性物品运输容器和警示标志

第一节　放射性物品运输容器基本要求

放射性物品会对人体健康造成短期或长期的危害，但这种伤害通常是在没有任何防护或者防护失效的情况下发生的。就运输而言，当将放射源（放射性物品）放在符合国家标准的运输容器内时，其对人体是没有伤害的。这也说明，由于放射性物品自身具有危险特性，其运输安全主要是依靠运输容器具有的包容、屏蔽、散热和防止临界的性能来保障的。因此，必须从源头抓起，将运输容器的安全管理作为放射性物品运输安全监管的重要环节。

一、放射性物品运输容器的基本要求

包装是指完全封闭放射性内容物所必需的各种部件的组合体。通常可以包括一个或多个腔室、吸收材料、间隔构件、辐射屏蔽层和用于充气、排空、通风和减压的辅助装置，用于冷却、吸收机械冲击、装卸与栓系以及隔热的部件，以及构成货包整体的辅助器件。

由于放射性物品的特殊性，在放射性物品道路运输过程中，应当使用专用的放射性物品运输包装容器，而不能简单地使用普通货物的运输包装容器。

放射性物品包装容器可以是箱、桶或类似的容器，也可以是货物集装箱、罐或散货集装箱。常用的包装容器如下：

1. 货物集装箱

集装箱是一种现代化的运输单元，实际也是一种运输容器，因此，集装箱也有货箱或货柜之称。由于集装箱装载量大，结构科学，各种类型的货物以及托盘都能装入，装卸速度快，是目前国际海陆空运输中广泛采用的一种运输包装。其本身的标准化、系列化、通用化不仅有利于装卸机械化、自动化的实现，也有利于不同运输方式之间的快速换装和联合运输。

考虑到国际间和各种运输方式之间的联运，集装箱的大小、规格都有国际标准；国际标准中是以长度作为集装箱的规格，如 20ft、40ft 箱等，因此，各种集装箱的断面尺寸基本相同，箱子的大小主要在于长度的变化。

货物集装箱是集装箱的一种。根据《放射性物质安全运输规程》（GB 11806—2004）的定义，"货物集装箱"是指"便于采用一种或多种运输方式运输有包装货物或无包装货

物且中途不需要重新装载的一种运输设备"。外部任一最大尺寸都小于1.5m或容积不大于3m³的货物集装箱称为小型货物集装箱,除此之外的均被认为是大型货物集装箱。

2.散装集装箱

下述便于搬运的包装:

(1)容积不大于3m³。

(2)采用机械装卸。

(3)根据性能试验的测定,可以抗装卸和运输中产生的应力。

(4)设计符合ST/SG/AC.10/1/Rev.9中有关对散货集装箱(IBC)的建议规定的标准。

3.罐

放射性物品运输所使用的罐是指罐状容器、可搬运的罐、公路罐车、铁路罐车或拟装有液体、粉末、颗粒、浆液或先以气体或液体装入后凝固成固体的容量不小于450L的容器和拟装有气体的容量不小于1000L的容器。

考虑到运输安全性,放射性物品运输所使用的罐应能用于陆地或海上运输,并在不需拆除其结构部件的情况下能装载和卸载。同时,罐还应具有使装载稳定的部件和固定在外壳上的栓系部件,并应在满载时能被吊起。

4.其他包装容器

放射性物品运输容器除了上述提到的容器类型外,还可以使用桶或瓶等容器。

一般情况下,固体放射性同位素制剂内容器一般使用橡皮塞密封的小玻璃瓶。装入大口铁桶放射性活度低的放射性物品的净重不超过100kg。

二、放射性物品运输容器的质量要求

放射性物品的运输安全主要是依靠放射性物品运输容器具有的包容、屏蔽、散热和防止临界的性能来保障的。因此,放射性物品运输容器的制造质量是放射性物品运输安全保障的关键环节之一。

根据《放射性物品运输安全管理条例》(以下简称《条例》)规定,放射性物品运输容器的设计、制造,应当符合国家放射性物品运输安全标准。该安全标准是由国务院核安全监管部门制定,由国务院核安全监管部门和国务院标准化主管部门联合发布的。国务院核安全监管部门制定国家放射性物品运输安全标准,应当征求国务院公安、卫生、交通运输、铁路、民航、核工业行业主管部门的意见。

《条例》对放射性物品运输容器的设计、制造和使用提出了很多要求。其中与放射性物品道路运输有关的主要有:

1.放射性物品运输容器的设计要求

(1)建立运输容器设计安全评价制度。《条例》要求放射性物品运输容器设计单位在进行一类放射性物品运输容器设计,应当编制设计安全评价报告书;进行二类放射性物品运输容器设计,应当编制设计安全评价报告表。

(2)建立一类运输容器设计批准制度。《条例》要求一类放射性物品运输容器的设计,应在首次用于制造前报国务院核安全监管部门审查批准。申请批准一类放射性物品运输容器的设计单位,应向国务院核安全监管部门提出书面申请。国务院核安全监管部门对符合国家放射性物品运输安全标准的,颁发一类放射性物品运输容器设计批准书,并公告批准文号;对不符合国家放射性物品运输安全标准的,书面通知申请单位并说明理由。

(3)建立二类运输容器设计备案制度。《条例》要求二类放射性物品运输容器的设计单位应当在首次用于制造前,将设计总图及其设计说明书、设计安全评价报告表报国务院核安全监管部门备案。

(4)明确三类运输容器设计的管理要求。《条例》要求三类放射性物品运输容器的设计单位应当编制设计符合国家放射性物品运输安全标准的证明文件并存档备查。

2. 放射性物品运输容器的制造要求

(1)明确放射性物品运输容器的制造质量检验要求。《条例》规定放射性物品运输容器制造单位,应按照设计要求和国家放射性物品运输安全标准,对制造的放射性物品运输容器进行质量检验,编制质量检验报告。

未经质量检验或者经检验不合格的放射性物品运输容器,不得交付使用。

(2)明确一类放射性物品运输容器制造单位应具备的条件。《条例》要求从事一类放射性物品运输容器制造活动的单位应具备拥有相应的专业技术人员、生产条件和检测手段,以及具有健全的管理制度和完善的质量保证体系三项条件。

(3)建立一类放射性物品运输容器制造许可制度。《条例》要求从事一类放射性物品运输容器制造活动的单位,应当申请领取一类放射性物品运输容器制造许可证(以下简称制造许可证)。申请领取制造许可证的单位,应当向国务院核安全监管部门提出书面申请,并提交其符合规定条件的证明材料和申请制造的运输容器型号。国家禁止无制造许可证或者超出制造许可证规定的范围从事一类放射性物品运输容器的制造活动。

国务院核安全监管部门对审查后符合条件的放射性物品运输容器制造单位,颁发制造许可证,并予以公告;对不符合条件的,书面通知申请单位并说明理由。

颁发的制造许可证主要载明下列内容:"制造单位名称、住所和法定代表人;许可制造的运输容器的型号;有效期限;发证机关、发证日期和证书编号。"制造许可证有效期为5年。

(4)建立运输容器编码和制造备案制度。《条例》要求一类、二类放射性物品运输容器制造单位,应当按照国务院核安全监管部门制定的编码规则,对其制造的一类、二类放射性物品运输容器统一编码,并于每年1月31日前将上一年度的运输容器编码清单报国务院核安全监管部门备案。从事三类放射性物品运输容器制造活动的单位,应当于每年1月31日前将上一年度制造的运输容器的型号和数量报国务院核安全监管部门备案。

3. 放射性物品运输容器的使用要求

(1)放射性物品运输容器使用单位应当对其使用的放射性物品运输容器定期进行维护,并建立维护档案。

(2)若放射性物品运输容器达到设计使用年限,或者发现放射性物品运输容器存在安全隐患的,应当停止使用,进行处理。

(3)一类放射性物品运输容器使用单位应对其使用的一类放射性物品运输容器每两年进行一次安全性能评价,并将评价结果报国务院核安全监管部门备案。

(4)使用境外单位制造的一类放射性物品运输容器的,应当在首次使用前报国务院核安全监管部门审查批准。

第二节 放射性物品运输容器分类

一、放射性物品货包的分类

根据《放射性物质安全运输规程》(GB 11806—2004)的相关规定,货包是指提交运输的包装与其放射性内容物的统称。主要有以下几种类型:

①例外货包;
②1型工业货包(IP-1);
③2型工业货包(IP-2);
④3型工业货包(IP-3);
⑤A型货包;
⑥B(U)型货包;
⑦B(M)型货包;
⑧C型货包。

此外,为了便于装卸、堆放和运载,通常会在货包外加外包装。

所谓的外包装是指托运人为了方便将一个或多个货包作为托运的一个装卸单元而使用的包装物,如盒子或袋子等。

各类货包的内容物限值及要求如下:

1. 例外货包

划为例外货包必须满足下列条件:

1)货包的设计满足相关要求。

2)例外货包外表面任一点的辐射水平不得超过 5μSv/h,并且在正常运输条件下不应有放射性物质从货包中泄漏。

3)对非天然铀、贫化铀或天然钍制品以外的放射性物质,每件例外货包的放射性活度不应大于:

(1)放射性物质封装在或作为它们的一个组成部分含在仪器或其他制品(例如钟表或电子设备)内时,每种单个物项和每个货包的放射性活度不得分别超过表 1-3-1"例外货包的放射性活度限值表"的第二和第三栏中规定的限值;同时还须满足下述条件,才可按例外货包运输:

①距任何无包装仪器或制品的外表面上任一点 10cm 处的辐射水平不超过 0.1mSv/h。

②每台仪器或每件制品均标有"放射性"字样,但符合下述规定的除外:

a)带荧光的钟表或器件。

b)已获得主管部门的批准,或没有超过表 1-2-3"放射性核素的基本限值"第五栏中"一件托运货物的豁免放射性活度限值 Bq"的消费品,且应在其运输货包的内部标有"放射性"字样,以在货包启封时能清楚地警告放射性物质的存在。

c)放射性物质完全由非放射性部件封装(不得把只起包容放射性物质作用的器件视为仪器或制品)。

(2)放射性物质未封装或不是仪器或其他制品的一个组成部分时,其放射性活度不超过表 1-3-1"例外货包的放射性活度限值"第四栏"货包限值"的限值。同时满足下述条件的,可按例外货包运输:

①在运输的常规条件下,货包的放射性内容物不泄漏。

②在货包的内部表面上标有"放射性"字样,以在货包启封时能清楚地警告放射性物质的存在。

4)制品中的放射性物质仅是未受辐照的天然铀、未受辐照的贫化铀或未受辐照的天然钍时,并且铀或钍的外表面包有金属或其他坚固材料制成的非放射性包封,该制品可按例外货包运输,且例外货包装有这种物质的数量可以不限。

5)对于邮递,每个例外货包中的总放射性活度不得超过表 1-3-1"例外货包的放射性活度限值表"规定的相应限值的十分之一。

例外货包的放射性活度限值(部分摘录)　　　　表 1-3-1

内容物的物理状态	仪器或制品		放射性物质
	物项限值①	货包限值①	货包限值①
固态:特殊形式	$10^{-2}A_1$	A_1	$10^{-3}A_1$
其他形式	$10^{-2}A_2$	A_2	$10^{-3}A_2$

第三章 放射性物品运输容器和警示标志

续上表

内容物的物理状态	仪器或制品		放射性物质
	物项限值①	货包限值①	货包限值①
液态	$10^{-3}A_2$	$10^{-1}A_2$	$10^{-3}A_2$
气态:氚	$2\times10^{-2}A_2$	$2\times10^{-1}A_2$	$2\times10^{-2}A_2$
特殊形式	$10^{-3}A_1$	$10^{-2}A_1$	$10^{-3}A_1$
其他形式	$10^{-3}A_2$	$10^{-2}A_2$	$10^{-3}A_2$

注:①用于放射性核素的混合物。

从上述描述可看出,放射性物品的例外货包主要适用于:货包中含有的放射性物品数量小到其潜在的危险在运输过程中可以忽略的程度。

2. IP-1 型、IP-2 型和 IP-3 型货包

工业货包是指装有低比活度放射性物质或表面污染物体的包装、运输罐或货物集装箱。从定义可见,工业货包只能装低比活度放射性物质和表面污染物体。工业货包应满足以下条件:

(1)应限制单件 IP-1 型、IP-2 型、IP-3 型货包,或一个物体或一批物体中的低比活度物质或表面污染物体的数量,使距无屏蔽放射性物质或距一个物体或距一批物体 3m 处的外部辐射水平不超过 10mSv/h。

(2)对于 IP-1 型、IP-2 型、IP-3 型货包内的或无包装的低比活度物质或表面污染物体的运输,应使某一运输工具中的总放射性活度均应不超过表 1-3-2 中所示的限值。

工业货包内或无包装低比活度物质和表面污染物体用运输工具放射性活度限值 表 1-3-2

放射性物质的类别	运输工具(内河航道用运输工具除外)的放射性活度限值	内河船舶的船舱或隔舱的放射性活度限值
Ⅰ类低比活度物质(LSA-Ⅰ)	无限值	无限值
Ⅱ类低比活度物质(LSA-Ⅱ)和Ⅲ类低比活度物质(LSA-Ⅲ)不可燃固体	无限值	$100A_2$
Ⅱ类低比活度物质(LSA-Ⅱ)和Ⅲ类低比活度物质(LSA-Ⅲ)可燃性固体及各种液体和气体	$100A_2$	$10A_2$
表面污染物体	$100A_2$	$10A_2$

3. A 型货包

1)A 型货包内的放射性活度不得大于:

(1) A_1(对特殊形式放射性物质)。

(2) A_2(对所有其他放射性物质)。

2)对于放射性核素的类别和各自的放射性活度均为已知的放射性核素的混合物的 A 型货包内放射性内容物应当满足下述关系式:

$$\sum_i \frac{B(i)}{A_1(i)} + \sum_j \frac{C(j)}{A_2(j)} \leq 1$$

式中:$B(i)$——特殊形式放射性物质的放射性核素 i 的放射性活度,而 $A_1(i)$ 是放射性核素 i 的 A_1 值;

$C(j)$——非特殊形式放射性物质的放射性核素 j 的放射性活度,而 $A_2(j)$ 是放射性核素 j 的 A_2 值。

4. B(U)型和 B(M)型货包

B(U)型和 B(M)型货包不得含有:

(1)超过货包设计所允许的放射性活度的内容物。

(2)不同于货包设计所允许的放射性核素的内容物。

(3)在形状、物理和化学状态方面不同于货包设计所允许的内容物。

放射性物质 B(U)型货包,如图 1-3-1 所示。

图 1-3-1 UN2916 放射性物质 B(U)型货包

5. C 型货包

C 型货包不得含有:

(1) 超过货包设计所允许的放射性活度的内容物。

(2) 不同于货包设计所允许的放射性核素的内容物。

(3) 在形状、物理和化学状态方面不同于货包设计所允许的内容物。

6. 易裂变材料的货包

易裂变材料的货包不得装有：

(1) 不同于货包设计所允许的易裂变材料。

(2) 不同于货包设计所允许的任何放射性核素或易裂变材料。

(3) 在形状、物理和化学状态或空间布置方面不同于货包设计所允许的内容物。

7. 六氟化铀的货包

在工厂工艺系统接入货包时，在所规定的最高温度下，货包中六氟化铀的装载量不得使货包容积的剩余空腔小于货包总容积的 5%。在交付运输时，六氟化铀应该呈固态形式，货包的内压应低于大气压。

二、对各种包装和货包的一般要求

1. 放射性物品货包的设计和可靠性要求

为了确保各种放射性物品货包在正常运输、装卸等条件下，不会发生有放射性物质从货包中泄漏等情况，对放射性物品货包的设计及质量提出了如下要求：

(1) 在设计放射性物品货包时，应考虑其质量、体积和形状，以便安全地运输。此外，还应考虑把货包设计成在运输期间，便于固定在运输工具内或运输工具上。

(2) 货包设计应使货包上的提吊附加装置在按预期的方式使用时不会失效，而且，即使在提吊附加装置失效时，也不会削弱货包满足《放射性物质安全运输规程》规定的其他要求的能力。设计时应考虑相应的安全系数，以适应突然起吊。

(3) 放射性物品货包外表面上的可能被误用于提吊货包的附加装置和任何其他部件，应依据第(2)条要求设计成能够承受货包的重量，或应将其设计成是可以拆卸的，或使其在运输期间不能被使用。

(4) 应尽实际可能把包装设计和加工成外表面无凸出部分并易于去污。

(5) 应尽实际可能把货包的外表面设计成可防止集水和积水。

(6) 运输期间附加在放射性物品货包上的但不属于货包组成部分的任何部件均不得降低货包的安全性。

(7) 放射性物品货包应能经受在常规条件下或运输过程中，可能产生的任何加速度、振动或共振的影响，并且无损于容器上的各种密闭器件的有效性或货包完好性。尤其应把螺母、螺栓和其他紧固器件设计成即使经多次使用后也不会造成意外松动或脱落。

(8) 包装和部件或构件的材料在物理和化学性质上均应彼此相容，并且应与放射性内容物相容,还应考虑这些材料在辐照下的行为。

(9)有可能引起泄漏放射性内容物的所有阀门应具有防止其被擅自操作的保护措施。

(10)货包的设计应考虑在运输的常规条件下有可能遇到的环境温度和压力。

(11)对于具有其他危险性质的放射性物质,货包设计应考虑这些危险性质。

(12)所有包装均定期予以检查,并在必要时加以修理和维护,以保持良好状态,使其即使在重复使用之后仍能符合所有的相关要求和规范。

2.放射性物品货包在运输过程中的可靠性要求

(1)首次装运前的货包要求。

任何货包在首次装运前应满足下述要求:

①若包容系统的设计压力超过35kPa(表压),则应确保每个货包的包容系统都符合经过批准的与该系统在此压力下保持完好性的能力有关的设计要求。

②应确保每个B(U)型、B(M)型和C型货包及每个易裂变材料货包的屏蔽和包容系统的有效性,必要时还应确保其传热特性和约束系统的有效性,均处在已批准的设计适用的或设计所规定的限值内。

③对于易裂变材料的货包,为了符合易裂变材料货包的运输要求,特意装入中子毒物作为货包部件时,应进行核对以证实该中子毒物的存在和分布。

(2)每次装运前的要求。

任何货包在每次装运前,应满足下述适用要求:

①对于任何货包,都应确保《放射性物质安全运输规程》有关条款中规定的各项要求已得到满足。

②应按照"放射性物品货包的设计和可靠性的要求"的第3条的要求,确保不符合要求的提吊附件已被拆除掉或使其不能用于提吊货包。

③对于每个B(U)型、B(M)型和C型货包及每个易裂变材料的货包,应确保批准证书中所规定的所有要求都已得到满足。

④在足以证明温度和压力达到平衡状态并符合要求之前,每个B(U)型,B(M)型和C型货包都不得发运,除非得到主管部门豁免这些要求的批准。

⑤对于每个B(U)型,B(M)型和C型货包,应通过检查和/或相应的测试来确保包容系统中所有可能泄漏放射性内容物的封盖、阀门和其他开孔均已关闭,合适时,用已证明符合《放射性物质安全运输规程》7.8.7条和7.10.3条要求的方法来确保密封。

⑥对于每种特殊形式放射性物质,应确保特殊形式放射性物质批准证书中规定的各项要求符合有关条款,并已得到满足。

⑦对于易裂变材料的货包,适用时,应进行货包评定所需的中子增殖系数的保守估

计值的测量和《放射性物质安全运输规程》"孤立的单件货包的评定"中规定的用以证实每个货包密闭的测试。

⑧对于每种低弥散放射性物质,应确保其批准证书中规定的各项要求均满足本标准的有关条款。

三、货包和外包装的运输指数、临界安全指数和辐射水平的限值

(1)任何货包或外包装的运输指数应不超过10,而任何货包或外包装的临界安全指数应不超过50,按独家使用方式运输的托运货物除外。

(2)货包或外包装的外表面上任一点的最高辐射水平应不超过2mSv/h,按独家使用方式通过铁路或公路运输的货包或外包装,或者按独家使用方式和在特殊安排下用船舶或飞机运输的货包或外包装除外。

(3)按独家使用方式运输的货包或外包装的任何外表面上任一点的最高辐射水平应不超过10mSv/h。

为了便于理解,这里阐述一下有关独家使用、运输指数、临界安全指数和辐射水平的基本定义:

> · 独家使用:是指由单个托运人独自使用一件运输工具或一个大型货物集装箱,并遵照托运人或收货人的要求进行的运输,包括起点、中途和终点的装载和卸载。
> · 临界安全指数(CSI):指用于控制装有易裂变材料的货包、外包装和货物集装箱堆积的一个数值。
> · 辐射水平:以 mSv/h 为单位表示的相应的剂量率。
> · 运输指数(TI):指用于控制货包、外包装或货物集装箱,或无包装的Ⅰ类低比活度物质(LSA-I)或Ⅰ类表面污染物体(SCO-I)的辐射照射而规定的一个数值。

四、货包和外包装的分级

放射性物品货包和外包装按照表1-3-3中规定的条件并按下列要求,即按照运输指数大小和外表面上任一点的最高辐射水平高低,可划分为Ⅰ级(白)、Ⅱ级(黄)或Ⅲ级(黄)这三个等级,在确定放射性物品货包等级时可参照下列方法:

(1)TI指数满足某一级别,而表面辐射水平却满足另一级别时,应把该货包或外包装划归级别较高的一级。

(2)应依据规定的步骤来确定运输指数。

(3)若货包或外包装的表面辐射水平超过2mSv/h,应依据相关规定按独家使用方式运输。

(4)在特殊安排下运输的货包和装有货包的外包装应划归Ⅲ级(黄)。

货包和外包装的分级　　　　　　　　　　表 1-3-3

条件		分级
运输指数 TI	外表面上任一点的最高辐射水平 H(mSv/h)	
0[①]	$H \leqslant 0.005$	Ⅰ级(白)
$0 < TI \leqslant 1$[①]	$0.005 < H \leqslant 0.5$	Ⅱ级(黄)
$1 < TI \leqslant 10$	$0.05 < H \leqslant 2$	Ⅲ级(黄)
$10 \leqslant TI$	$2 < H \leqslant 10$	Ⅲ级(黄)[②]

注:①若测得的 TI 值不大于 0.05,则依据规定,此数值可取为零。
②按独家使用方式运输。

显然,从表 1-3-3 中可看出,放射性物品货包和外包装的分级标准主要是依据其运输指数大小或外表面上任一点的最高辐射水平高低来划分的。其中,分级为Ⅰ级(白)是属于最低的级别,放射性危害最小。而Ⅲ级(黄)属于最高的级别。因此,贴有Ⅲ级(黄)标志货包和外包装的辐射水平最强,放射性危害最大,运输指数可达到 10。此外,若考虑按独家使用方式运输的话,则Ⅲ级(黄)(按独家使用方式运输)所对应的货包和外包装的运输指数以及外表面上任一点的辐射水平最高。

第三节　放射性物品警示标志

一、运输包装标志的意义

货物运输包装标志的基本含义,是指用图形或文字(文字说明、字母标记或阿拉伯数字)在货物运输包装上制作的特定记号和说明事项。运输包装标志有 3 方面的内涵:

(1)运输包装标志是在收货、装卸、搬运、储存保管、送达直至交付的运输全过程中区别与辨认货物的重要基础。

(2)运输包装标志是一般贸易合同、发货单据和运输保险文件中记载有关事项的基本组成部分。

(3)运输包装标志是包装货物正确交接、安全运输、完整交付的基本保证。

货物的品类繁杂、包装各异、到达点不一、货主众多,要做到准确无误、安全迅速地将货物运到指定地点,与收货人完成交接任务,从而使运输任务顺利完成,货物运输包装标志对每个环节都起着决定性作用。主要表现在以下 3 个方面:

①正确使用运输包装标志,可以保护货物运输与各个环节的作业安全,防止发生货损、货差以及危险性事故。究其原因,是因为货物运输包装标志直接表明了货物的主要

特性和发货人的要求与意图。

②在流通过程中,运输包装标志一般要在单证、货物上同时表现出来。它是核对单证、货物并使单货相符,以便正确、快速地辨认货物,高效率地进行装卸搬运作业,安全顺利完成流通全过程,准确无误地交付货物等环节的关键。

③运输包装标志还可以节省制作大量单据的手续与时间,而且易于称呼,使运输人员一见标志即对有关事项一目了然,避免造成误解,浪费人力和时间。

二、运输包装标志的分类和内容

运输包装标志可分为识别标志、包装储运图示标志和危险货物包装标志3类。

1. 识别标志

识别标志是识别不同运输批次之间的标志。主要包括:

(1)主要标志:在贸易合同和文件上一般简称"嘿(唛)头",是以简明的几何图形(如三角形、四边形、六边形、圆形等图形)配以代用简缩字或字母,作为发货人向收货人表示该批货物的特定记号标志。所用的特定记号,以公司或商号的代号表示。有的则直接写明托运人和收货人的单位、姓名与地址的全称。

(2)目的地标志:亦称到达地或卸货地标志。目的地标志用来表示货物运往到达地的地名。国内即为到达站站名,国外为到达国国名和地名。

(3)批数、件数号码标志:该标志表示同一批货物的总件数及本件的顺序编号,其主要用途是便于清点货物。

(4)输出地标志:也称为生产地或发货地标志。国内即为始发站站名,国外为原产地国名、产地地名或发货站的国名、地名以及站名。需注意:目的地和输出地标志不能使用简称、代号或缩写文字,必须以文字直接写出全名称。若是国际货物运输,还必须用中、外两种文字同时对照标明。

(5)货物的品名、质量和体积标志:它表明货物包装内的实际货物,每一单件包装的实际尺寸(长×宽×高)和质量(总重、净重、自重)。体积与质量标志是供承运部门计算运费、选择装卸运输方式和货物在运输工具内的堆码方法时参考。危险货物品名应包括该货物的含量以及所处的抑制条件,如含水百分比、加钝感剂×××等。

(6)运输号码标志:即货物运单号码。它是该批货物进站、核对、清点、装运及到站卸取货物的依据。

(7)附加标志:亦称为副标志。它是在主要标志上附加某种记号,用以区分同一批货物中若干小批或不同的品质等级的辅助标志。

2. 包装储运图示标志

包装储运图示标志是根据货物对易碎、易残损、易变质、怕热、怕冻等有特殊要求所提出的,用来说明货物在装卸、保管、运输、开启时应注意的事项。我国国家标准《包装

储运图示标志》(GB/T 191—2008)分为以下几种(见图1-3-2):

图1-3-2 包装储运图示标志

(1)易碎物品:表示运输包装件内装易碎品,因此搬运时应小心轻放。

(2)禁用手钩:表示搬运运输包装件时禁用手钩。

(3)向上:表明运输包装件的正确位置是竖直向上。

(4)怕晒:表明运输包装件不能直接照晒。

(5)怕辐射:表明包装物品一旦受辐射便会完全变质或损坏。

(6)怕雨:表明包装件怕雨淋。

(7)重心:表明一个单元货物的重心。

(8)禁止翻滚:表明不能翻滚运输包装。

(9)此面禁用手推车:表明搬运货物时此面禁放手推车。

(10)禁用叉车:表明不能用升降叉车搬运的包装件。

(11)由此夹起:表明装运货物时夹钳放置的位置。

(12)此处不能卡夹:表明装卸货物时此处不能用夹钳夹持。

(13)堆码质量极限:表明该运输包装件所能承受的最大重量极限。

(14)堆码层数极限:表明相同包装的最大堆码层数,n表示层数极限。

(15)禁止堆码:表明该包装件不能堆码并且其上也不能放置其他负载。

(16)由此吊起:表明起吊货物时挂链条的位置。

(17)温度极限:表明运输包装件应该保持的温度极限。

3. 危险货物包装标志

危险货物包装标志的制定,是以危险货物分类为基础,以便于根据货物或包件所贴的标志的一般形式(标志图案、颜色、形状等),识别出危险货物及其特性,并为装卸、搬运、储存提供基本指南。

国家标准《危险货物包装标志》(GB 190—2009)规定标签有20个,其图形分别标示9类危险货物的主要特性,使用方法与联合国危险货物专家推荐委员会的规定相似。标签图案基本有:炸弹开花(表示爆炸)、火焰(表示易燃)、骷髅和交叉的大腿骨(表示毒害)、三圈形(表示传染)、三叶形(表示放射性)、从两个玻璃器皿中溢出的酸碱腐蚀着一只手和一块金属(表示腐蚀)、一个圆圈上面有一团火焰和一个气瓶(表示氧化性)等。

危险货物包装件外表面可贴1个主要危险性标签,说明该危险货物的类别和特性;也可贴2个或2个以上的标志,按货物标志粘贴的位置顺序可确定主、副标志。如自上而下贴3个标志,说明最上边的为主标志,下边2个为次要危险性标签;自左而右的贴法,说明左边是主要危险性标签,其余为次要危险性标签。主要危险性标签说明是最应注意的危险性,次要危险性标签说明该货物兼有其他危险性,是多种危害兼备的危险货物。

上述要求同样适用于放射性物品运输。也就是说,当托运的放射性物品除了具有放射性这个主要特性外,如果还具有比如腐蚀性、毒性等次要特性时,还应在放射性物品运输标志附近粘贴上代表次要特性的危险货物包装标志。

三、放射性物品警示标志的使用

按照《放射性物质安全运输规程》等有关国家标准和规定,放射性物品运输包装或容器上需设置警示标志(包括标记、标牌等)。具体设置方法和要求如下:

1. 标记的设置方法

(1)应在每个放射性物品货包包装的外部标上醒目而耐久的托运人或收货人或两者的识别标记。

(2)对于每个货包(例外货包除外),应在包装外部标上醒目而耐久的前面带"UN"字母的联合国编号和专用货运名称(见表1-3-4)。对例外货包(国际邮运接收的例外货包除外),只要求有前面带"UN"字母的联合国编号。

联合国编号、专用货运名称和说明及附带危险　　　表1-3-4

联合国编号(UN)	专用货运名称和说明①	附带危险
2910	放射性物质例外货包—有限量的放射性物质	
2911	放射性物质例外货包—含有放射性物质的仪器或物品	

续上表

联合国编号(UN)	专用货运名称和说明①	附带危险
2909	放射性物质例外货包—天然铀或贫化铀或天然钍的制品	
2908	放射性物质例外货包—运输放射性物质的空包装	
2912	Ⅰ类低比活度放射性物质(LSA-Ⅰ),非易裂变的或例外易裂变的②	
3321	Ⅱ类低比活度放射性物质(LSA-Ⅱ),非易裂变的或例外易裂变的②	
3322	Ⅲ类低比活度放射性物质(LSA-Ⅲ),非易裂变的或例外易裂变的②	
2913	放射性表面污染物体(SCO-Ⅰ或SCO-Ⅱ),非易裂变的或例外易裂变的②	
2915	放射性物质A型货包,非特殊形式的非易裂变的或非特殊形式的例外易裂变的②	
3332	放射性物质A型货包,特殊形式的非易裂变的或特殊形式的例外易裂变的②	
2916	放射性物质B(U)型货包,非易裂变的或例外易裂变的②	
2917	放射性物质B(M)型货包,非易裂变的或例外易裂变的②	
3323	放射性物质C型货包,非易裂变的或例外易裂变的②	
2919	特殊安排下运输的放射性物质,非易裂变的或例外易裂变的②	
2978	放射性物质六氟化铀,非易裂变的或例外易裂变的②	腐蚀品(联合国分类第8类)
3324	Ⅱ类低比活度放射性物质(LSA-Ⅱ),易裂变的	
3325	Ⅲ类低比活度放射性物质(LSA-Ⅲ),易裂变的	
3326	放射性表面污染物体(SCO-Ⅰ或SCO-Ⅱ),易裂变的	
3327	放射性物质A型货包,易裂变的,非特殊形式的②	
3333	放射性物质A型货包,特殊形式的,易裂变的	
3328	放射性物质B(U)型货包,易裂变的	
3329	放射性物质B(M)型货包,易裂变的	
3330	放射性物质C型货包,易裂变的	
3331	特殊安排下运输的放射性物质,易裂变的	
2977	放射性物质六氟化铀,易裂变的	腐蚀品(联合国分类第8类)

注：①"专用货运名称和说明"这一栏中,用黑体字表示"专用货运名称",用宋体字表示"说明"。在UN2909、UN2911、UN2913和UN3326这四行中,可替换的"专用货运名称"用"或"分开,只应使用其中相关的"专用货运名称"。

②"例外易裂变"只适用于符合《放射性物品安全运输规程》7.11.2条款要求的货包。

(3)总质量超过 50kg 的每个货包都应在其包装外部标上醒目而耐久的允许总质量。

(4)符合下述类型设计的每个货包,应按下述要求贴标记:

①在 IP-1 型、IP-2 型、IP-3 型货包的包装外部,应分别标上醒目而耐久的"IP-1 型、IP-2 型"或"IP-3 型"标记。

②在 A 型货包的包装外部,应标上醒目而耐久的"A 型"标记。

③在 IP-2 型货包、IP-3 型货包或 A 型货包的包装外部,应标上醒目而耐久的原设计国的国际车辆注册代号(VRI 代号)和制造者名称,或主管部门规定的对包装的其他识别标记。

(5)按照货包设计的审批要求批准设计的每个货包,应在其包装外部醒目而耐久地标上下述标记:

①主管部门为该设计所规定的识别标记。

②识别每一包装符合其设计用的专有序列号。

③对 B(U)型或 B(M)型货包设计应标有"B(U)型"或"B(M)型"标记。

④对 C 型货包设计应标有"C 型"标记。

(6)在符合 B(U)型、B(M)型或 C 型货包设计的每个货包的最外层容器的外表面上,应该用刻印、压印或其他能防火和防水的方式清楚地显示图1-3-3所示的三叶形符号。

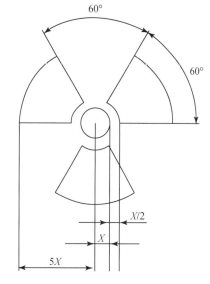

其尺寸比例基于半径为 X 的中心圆,X 的最小允许尺寸为4mm

图1-3-3 基本的三叶形符号

(7)当Ⅰ类低比活度物质(LSA-Ⅰ)或Ⅰ类表面污染物体(SCO-Ⅰ)装在容器或包装材料里并按独家使用方式运输时,应在这些容器或包装材料的外表面标有"放射性 LSA-Ⅰ"或"放射性 SCO-Ⅰ"标记。

2.标志的粘贴方法

(1)应该按照相应的级别给每个货包、外包装和货物集装箱贴上与图1-3-4、图1-3-5或图 1-3-6 所示样式相一致的标志,但对大型货物集装箱和罐来说,允许用放大型标志替代。此外,还应给装有易裂变材料的每个货包、外包装和货物集装箱贴上与图1-3-7所示样式相一致的标志,但符合相关规定的关于例外易裂变材料货包要求的情况除外。应除去或覆盖任何与内容物无关的标志。

所示样式相一致的标志附近,这些标志不得覆盖前面所规定的标记,如图 1-3-8 所示。

此标志衬底应是白色，三叶图形和印字应是黑色，级别竖条应是红色。

图 1-3-4　Ⅰ级（白）标志

此标志上半部衬底是黄色，下半部衬底应是白色，三叶图形和印字应是黑色，级别竖条应是红色。

图 1-3-5　Ⅱ级（黄）标志

此标志上半部衬底应是黄色，下半部衬底应是白色，三叶图形和印字应是黑色，类别竖条应是红色。

图 1-3-6　Ⅲ级（黄）标志

衬底应为白色，印字为黑色。

图 1-3-7　临界安全指数标志

图 1-3-8　Ⅱ级（黄）标签的使用示例

（2）在进行包装、贴标志、作标记、挂标牌、储存和运输时，除应考虑货包内容物的放射性和易裂变性质外，还应考虑其他危险性质，例如爆炸性、易燃性、自燃性、化学毒性和腐蚀性，以遵守与危险货物运输有关的规定，具体可参考本节"运输包装标志分类和内容"。涉及国际运输时，还应符合途经国或抵达国所制定的相关规定，适用时，还应遵守一些公认的运输组织的规定。

(3)在货包或外包装的两个相对的外侧面上应贴有与图 1-3-4、图1-3-5或图 1-3-6 所示样式相一致的标志,或贴在货物集装箱或罐的所有四个外侧面上。

(4)应在与图 1-3-4、图 1-3-5 和图 1-3-6 所示样式相一致的每个标志上按要求填写下述信息:

①在内容物栏内,填写下述的信息:

a)除Ⅰ类低比活度物质(LSA-Ⅰ)外,用表 1-2-3"放射性核素的基本限值"中的名称和符号填写放射性核素名称和符号,对于放射性核素的混合物,应在该行空余处列出限制最严的那些核素。对于低比活度物质和表面污染物体的类别,应在放射性核素名称的后面填写相应符号,例如"LSA-Ⅱ"、"LSA-Ⅲ"、"SCO-Ⅰ"及"SCO-Ⅱ"。

b)对于Ⅰ类低比活度物质(LSA-Ⅰ),仅需填写符号"LSA-Ⅰ",无需填写放射性核素的名称。

②在放射性"活度"一栏内,填写在运输期间放射性内容物的最大放射性活度,以 Bq(贝可),或同时采用国际制单位(SI)的相应词头符号为单位表示,对于易裂变材料,可以 g(克)或其倍数为单位表示的质量数值来代替放射性活度。

③对于外包装和货物集装箱,应在标志的"内容物"栏和"活度"栏里分别填写本条①和②所要求的关于外包装和货物集装箱内全部内容物的信息,见表 1-3-4 中①、②的注解。当外包装或货物集装箱混合装载装有不同放射性核素的货包时,标志上的这两栏里可填写"见运输文件"。

④在标志的运输指数方框内,填写运输指数。

(5)易裂变材料货包应贴有临界安全指数标志,具体要求如下:

①应在与图 1-3-7 所示样式相一致的每个标志上填写临界安全指数,该指数应是主管部门颁发的特殊安排批准证书或货包设计批准证书上所表明的临界安全指数。

②在外包装和货物集装箱的标志上的临界安全指数栏里应有第(5)条第①款所要求的临界安全指数信息和外包装或货物集装箱的易裂变内容物的信息。

根据货包和外包装的分级可知,图 1-3-4 所示标记表示该类放射性物品货包和外包装的危险程度为Ⅰ级,图 1-3-5 所示则为Ⅱ级,图 1-3-6 所示则为Ⅲ级。显然,图 1-3-7所示标记表示该类货包和外包装的运输指数和外表面上任一点的最高辐射水平最强。

3. 标牌的悬挂方法

(1)运载放射性物品货包(例外货包除外)的大型货物集装箱和罐,应挂有四块符合图 1-3-9 所示样式的标牌。

这些标牌应竖直地固定在大型货物集装箱或罐相对的两个侧面和两个端面上,同时还应除去任何与内容物无关的标牌。合适时,可以仅用图 1-3-4、图 1-3-5、图 1-3-6 或图 1-3-7 所示的放大型标志来替代,而不必同时使用标志和标牌,标志的最小尺寸不能小于

图1-3-9所示的尺寸。

（2）在货物集装箱或罐中的托运货物是无包装的Ⅰ类低比活度物质（LSA-Ⅰ）或Ⅰ类表面污染物体（SCO-Ⅰ）时，或在货物集装箱中按独家使用方式运输的托运货物是具有单一联合国编号的有包装放射性物质时，与托运货物相对应的联合国编号也应以高度不小于65mm的黑体数字显示于图1-3-9所示标牌的白色衬底部分的下半部。

当采用图1-3-10所示的标牌上方案时，应将这种附加标牌固定在货物集装箱或罐的所有4个侧面上并紧靠图1-3-9所示的标牌。

（3）当空包装作为例外货包运输时，原先的标志应去除或被覆盖。

（4）运载贴有图1-3-4、图1-3-5、图1-3-6或图1-3-7所示标志的货包、外包装或货物集装箱的公路车辆或按独家使用方式运载托运货物的公路车辆都应显示图1-3-9所示的标牌。该标牌的位置位于公路车辆的两个外侧面和后端面上。

标牌最小尺寸应如图所示，在采用不同尺寸时，应保持相应尺寸比例。数字"7"的高度应不小于25mm。此标牌上半部衬底应是黄色，下半部衬底应是白色，三叶图形和印字应是黑色。其下半部的"放射性"字样是可选项，此处允许用与托运货物相应的联合国编号替代。

图1-3-9　标牌

对无侧面的车辆，只要标牌醒目，标牌可直接固定在货物容器上；显示在大型的罐或货物集装箱上的标牌应足够大。对于无足够大位置固定大型标牌的车辆，图1-3-9所示的标牌尺寸可以缩小到100mm。应除去与内容物无关的其他标志。

（5）低栏板式车辆标志牌悬挂位置，推荐悬挂于栏板上，必要时重新布置放大号，如图1-3-11所示。

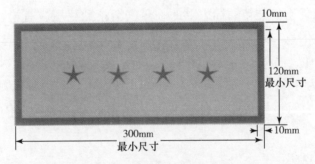

标牌的衬底为橙色，边框和联合国编号均为黑色。符号"★★★★"处用以显示规定的与放射性物质相应的联合国编号。

图1-3-10　单独显示联合国编号的标牌

（6）厢式车辆标志牌悬挂位置一般在车辆放大号的下方或上方，推荐首选下方，左右尽量居中，如图1-3-12所示。集装箱车、集装罐车、高栏板车类同。

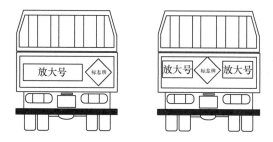

图 1-3-11 低栏板式车辆标志牌悬挂位置

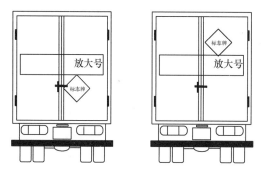

图 1-3-12 厢式车辆标志牌悬挂位置

(7) 罐式车辆标志牌悬挂位置一般在车辆放大号下方或上方,推荐首选下方,左右尽量居中,如图 1-3-13 所示。

(8) 运输放射性物品的车辆,在车辆两侧面厢板各增加悬挂一块标志牌,悬挂位置一般居中,如图 1-3-14 所示。

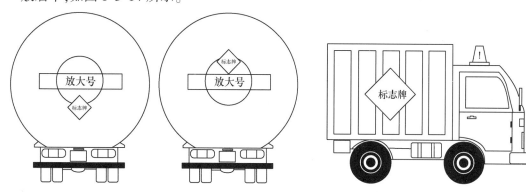

图 1-3-13 罐式车辆标志牌悬挂位置   图 1-3-14 标志牌侧面悬挂位置

第四章　辐射防护与监测

第一节　辐射防护基本常识

一、外照射危害和内照射危害

人类生活在大自然中，每时每刻都在接受各种放射性物质放射出的射线，加之宇宙射线（即来自外层空间的高能粒子形式的辐射）等都在不断地作用于人的机体，构成天然本底辐射。所谓天然本底照射指的是来自宇宙射线以及土壤、建筑物、大气、水、食物中所含的放射性核素造成的照射。

天然本底照射可分为内照射和外照射两部分。外照射来自宇宙射线和地壳及大气中的放射性物质，内照射主要来自食物、水和空气中的放射性物质。相对应地，辐射对人体的危害也可分为外照射危害和内照射危害两种，其中，外照射危害是放射线由体外穿入体内而造成的伤害，如图1-4-1所示；内照射危害是进入人体的放射性核素发出的射线从体内对人体产生的照射伤害。

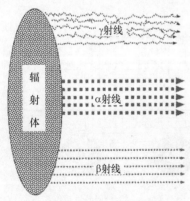
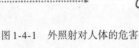
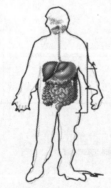

图1-4-1　外照射对人体的危害

根据第一篇第一章第一节"放射性基本常识"可知，各类射线的外照射危害和内照射危害特征如下：

（1）由于α射线穿透能力弱，其引起的外照射危害可忽略不计。而α射线的电离能力很强，且射线能量大，一旦进入人体内会使人体细胞在电离作用下受到严重损伤，故α射线的内照射危害最大。正因为这个特点，因此当能放射出α射线的放射性物品污染到双手时，可以不必担心其对手的外照射危害，但需要严格防止手上的污染物通过口腔等途径进入到体内。

（2）β射线的电离能力比α射线小得多，但穿透能力却比α射线强。因此，β射线不仅能进入体内产生内照射危害，在体外若距离人体较近仍可对人体造成外照射危害，但β射线只能引起皮肤损伤。

(3) γ射线是α、β和γ三种射线中穿透能力最强的,其对有机体的外照射危害较大。但由于γ射线不带电,电离能力弱,所以其对人体基本上不存在内照射危害。

(4) 中子具有强大穿透能力,其对人体的外照射危害很大。此外,中子与轻原子核碰撞时损耗的能量较多,而与重原子核碰撞时损耗的能量较少。而人体是一个有机体,有大量的碳、氢等轻质元素,这正是中子的良好减速剂。因此,中子对人体的内照射危害也极为严重。总的来说,中子无论是外照射危害还是内照射危害都很严重。

(5) X射线具有强大的穿透能力,能透过可见光不能透过的物质。所以,X射线对人体的危害主要是外照射危害。

总体而言,在几种常见的射线中,X射线、γ射线、β射线和中子流都能直接造成外照射危害。而内照射危害主要是由α射线和β射线引起。就辐射危害程度来说,外照射时,γ > β > α,内照射时,则α > β > γ。

二、日常生活中的照射来源

在日常生活中,不管您是否接触放射源,均会受到不同剂量的射线照射。这部分照射一部分是来自天然本底辐射,一部分则来自于如戴夜光表、照透视、看电视、乘飞机等。此外,若使用放射线治疗疾病,局部还会受到相当大剂量的照射。由此可见,几乎每人每天都在和各种射线打交道。只是过去不太了解罢了,这也再次说明射线并不那么神秘可怕。

根据相关资料统计,我们在日常生活中可能受到的辐射来源及辐射剂量具体如图1-4-2所示。根据联合国原子辐射效应委员会的数据,人均每年接受的天然辐射剂量为2.4mSv,其中,来自宇宙射线的为0.4mSv,来自地面γ射线的为0.5mSv,吸入(主要是室内氡)产生的为1.2mSv,食入为0.3mSv。

在地壳放射性含量高的地区,居民每年从天然辐射中受到的剂量当量可达200mSv。在我国,各地区的天然本底辐射剂量当量也是不同的。比如,北京地区的天然本底辐射约为2mSv/年,而南方高本底辐射地区则可达3.7mSv/年。国际上和我国都把公众受照射剂量当量限制在每人每年1mSv。

不同剂量的辐射对人体的危害程度也不同,具体内容见表1-4-1。

全身受照射剂量和可能辐射的效应(单位:mSv)　　　表1-4-1

全身受照射剂量	可能发生的效应
0~250	没有显著的伤害
250~500	可以引起血液的变化,但无严重伤害
500~1000	血球发生变化且有一些损害,但无疲劳感
1000~2000	有损伤,而且可能感到全身无力
2000~4000	有损伤,全身无力,体弱者可能死亡
4000~6000	50%的致命伤
6000以上	可能因此而死亡

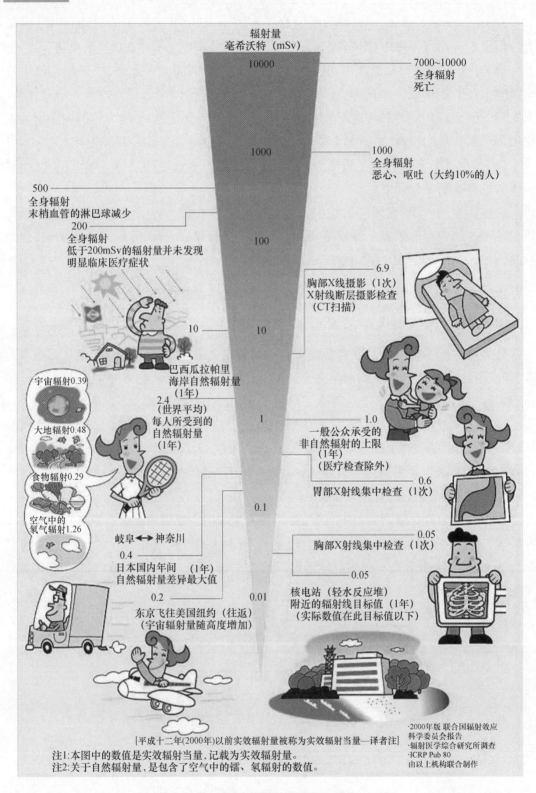

图 1-4-2　日常生活中受到的辐射剂量当量(单位:mSv/年)

三、辐射对人体的损伤效应

各种射线通过外照射和内照射作用于人体，使人体产生不同程度的损伤效应。辐射对人体的损伤效应是一个非常复杂的过程，它与辐射种类、受照剂量大小、受照射持续时间、受照射部位、受照者年龄、性别和身体状况等因素均有关。它引起的放射病是机体的全身性反应，几乎所有器官、系统均发生病理改变，但其中以神经系统、造血器官和消化系统的改变最为明显。但是，只要按照规定进行作业并做好相应的辐射防护，各种射线是不会对人体造成这些危害的，或者危害极其细微。

辐射对人体的危害大致可分为客观健康危害和其他危害两大类。其中，客观健康危害是指对受照者本人及其后代健康的有害影响。对受照者本人的影响称为躯体效应，对后代的影响称为遗传效应。此外，根据辐射效应的发生与剂量之间的关系，还可以把辐射对人体的危害分为确定性效应和随机性效应，具体如下：

1. 辐射的非随机效应

辐射对健康的危害既有现实的损伤，也有潜在的危险。当受照者接受超过某特定水平的辐射照射时，就会遭受某种形式的辐射损伤，如皮肤烧伤、眼晶体白内障、造血障碍、由于性细胞的损伤而引起的生育能力低下等。这些效应的严重程度会随受照剂量的增加而增大，称为辐射的非随机效应（或称确定性效应）。对于这种效应来说，存在着一个剂量阈值。当所接受的剂量低于这个阈值时，就不会发生这种效应，或者效应极其轻微，根本无法察觉。这样，通过控制受照者所接受的剂量使其低于这个阈值，就可以避免这种效应的发生。

辐射的非随机效应具有如下特点：

（1）剂量大于阈值时，才会出现确定性效应。

（2）剂量越大，所产生的确定性效应越严重，即效应与剂量大小成正比。

（3）对于不同的组织，产生确定性效应的阈值不同，见表1-4-2。

确定性效应的阈值　　　　表1-4-2

组织或器官	非随机效应	照射方式	剂量阈值（J/kg）
皮肤	红斑	单次	6~8
	暂时性脱毛	单次	3~5
	永久性脱毛	单次	7
眼睛	晶体浑浊（100%发生）	单次	7.5
	白内障	单次	5
睾丸	暂时性不育	多次	0.15
	永久性不育	多次	3.5
卵巢	永久性绝经	单次	3.5~6
骨髓	白细胞暂时减少	多次	0.5
	致死性再生不良	多次	1.5

2. 辐射的随机效应

辐射的另一个效应,如辐射诱发的癌症和辐射的遗传效应等,是辐射产生的随机效应。这种效应发生的概率(而非严重程度)随着受照剂量的增加而增大,但在受照剂量较小的情况下,此类效应仍可能产生,只是其产生概率较小而已。其具有如下特点:

(1)可能不等于一定。

(2)可能性的大小与剂量大小成正比。

(3)不存在安全剂量,危险总是存在。

无论是非随机效应还是随机效应,在一定距离下,辐射对健康的危害均随辐射物剂量(或电磁射线强度)的增加而增大。制定辐射安全防护标准(或条例)时,就是以上述这些作为理论依据提出各种运输条件和各种限制,以便限制由射线引起的随机效应和防止非随机效应的产生,保证有关人员的健康和安全。

四、辐射防护的原则和措施

1. 辐射防护的基本原则

辐射防护的目的在于:防止有害的非随机效应,并把随机效应的发生概率限制在一个可接受的水平上。为达到这个目的,国际上和我国"放射卫生防护基本标准"都采用了以下基本原则:

(1)辐射实践的正当化原则。所谓辐射实践的正当化原则是指,在实施伴有辐射照射的任何实践之前要经过充分论证,权衡利弊。只有在考虑了社会、经济和其他有关因素之后,其对受照个人或社会所带来的利益足以弥补其可能引起的辐射危害时,才认为该实践是正当的,如图1-4-3所示。此项原则要求:效益≥代价+风险。

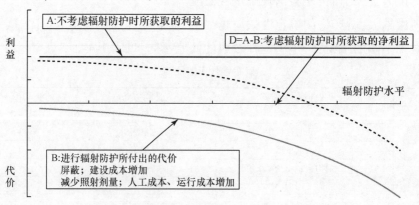

图1-4-3 辐射防护的正当化原则

举个例子,放射性对健康有妨碍,为什么还要用放射性仪表呢?关键原因是采用它可带来巨大效益,该收益要比付出的各种代价(对人群和环境的危害等)大很多时,才认为这项放射实践是正当的。

（2）辐射防护最优化原则。在实施某项辐射实践的过程中，可能有几个方案可供选择，在对几个方案进行选择时，则应当运用最优化程序。具体来说就是，对于来自一项实践中的任一特定源的照射，应使得在考虑了经济和社会因素之后，个人受照射剂量的大小、受照射人数以及受照射的可能性均保持在可合理达到的尽量低水平，这种最优化应以该源所致个人所受照射剂量和潜在照射危险分别低于国家规定的剂量限值和潜在照射危险约束为前提条件（治疗性医疗照射除外）。

（3）个人剂量限值原则。在确保实施正当化和防护最优化两项原则时，还要同时保证个人所受剂量不超过规定限值。

个人剂量限值是辐射防护最优化的约束上限，是"不可接受的"和"可耐受的"区域分界线。做约束限制的本意在于群体中利益和代价的分布不均匀性，虽然辐射实践满足了正当化的要求，防护也做到了最优化，但还不一定能对每个个人提供足够的防护，因此，对于给定的某项辐射实践，不论代价与利益分析结果如何，必须用此限值对个人所受照射加以限制。

国家标准《电离辐射防护与辐射源安全基本标准》（GB 18871—2002）中明确规定了个人所受最大容许剂量当量和限制剂量当量。该标准将电离辐射分为职业照射、公众照射和医疗照射三类。

职业照射是指除了国家有关法规和标准所排除的照射以及根据国家有关法规和标准予以豁免的实践或源所产生的照射以外，工作人员在其工作过程中所受的所有照射。医疗照射是指包括患者（包括不一定患病的受检者）因自身医学诊断或治疗所受的照射、知情但自愿帮助和安慰患者的人员（不包括施行诊断的执业医师和医技人员）所受的照射，以及生物医学研究计划中的志愿者所受的照射。公众照射是指公众成员所受的辐射源的照射，包括获准的源和实践所产生的照射和在干预情况下受到的照射，但不包括职业照射、医疗照射和当地正常天然本底辐射的照射。其中，职业照射和公众照射的剂量限值可参见第一篇第一章表1-1-2和表1-4-3。

对职业性照射和公众照射个人年剂量当量限值　　　　　　表1-4-3

照射人员类别	全身均匀照射（任何1年内）（mSv/h）
职业照射（个人）	50
公众照射（个人）	1

2.辐射防护的基本措施

（1）外照射的防护方法。外照射是指电离辐射源发出的射线从体外对人体的照射。

外照射防护主要有时间防护、距离防护、屏蔽防护3种方法。运输中外照射防护就是要尽可能降低运输货包放射出的射线引起的照射。

以下是降低受照剂量的3种方法：

①时间防护。时间防护的原理是：对于相同条件下的照射，在辐射场内的人员所受照射的累积剂量与受照时间长短成正比。根据该原理，通过尽可能减少辐射操作人员在辐射场的停留时间（如采取限时轮班的办法），或者尽量缩短操作人员接触射线的时间（如通过培训使人员能熟练准确操作或维修放射性仪表；或加强放射性包装件安全管理工作，使放射性货物一到目的地能尽快交付）就可以达到减少个人所受剂量的目的。

简单概括说，时间防护的要点是尽量减少人体与射线的接触时间（缩短人体受照射的时间）。

②距离防护。距离防护是外照射防护的一种有效方法。在一定距离下，直接照射剂量随着与辐射源距离的增加而迅速减少。通常，辐射强度与离辐射源的距离的平方成反比（或在源辐射强度一定的情况下，剂量率与离点源的距离平方成反比）。也就是说当受照者与辐射源的距离增大1倍时，受照者的辐射强度将减至原来的1/4。因此，只要条件许可（即保证操作合乎规范）时，增加辐射源与工作人员之间的距离便可减少剂量率或照射量。

距离防护的要点是尽量增大人体与辐射源的距离。如对于在货场存放的放射性物品货包应放置在与工作人员尽可能远的专用货位上；在装卸过程中尽量避免手捧、肩扛等直接与放射性物品货包接触的操作方式，积极采用机械化或半机械化进行装卸作业。

③屏蔽防护。屏蔽防护的原理是：射线穿透物质时强度会减弱，一定厚度的屏蔽物质能减弱射线的强度。在辐射源与人体之间设置足够厚的屏蔽物（屏蔽材料），便可降低辐射水平，使人们在工作中所受到的剂量降低到最高允许剂量以下，确保人身安全，达到防护目的。

简单地说，屏蔽防护就是指根据不同放射性物质所放射出的射线性质，采用不同材料对射线进行有效地阻隔。屏蔽各种射线所采用的材料具体可参考如下：

a) α射线：由于α射线的穿透能力很弱，通常一张纸或完好的皮肤就能阻挡，因此它对有机体的外照射危害基本可以忽略不计。

b) β射线：通常可采用适当屏蔽物来减弱β射线的强度，如薄铝片、薄铁片、木材及塑料或有适当厚度的有机玻璃板等。

c) γ射线：通常采用重金属作屏蔽物，如铅、铁、混凝土、砖或岩石等。此外，不同的介质对γ射线的吸收能力也不同，一般固体吸收能力最强，液体次之，气体最弱。

d) 中子流：通常，中子与轻原子核碰撞时损耗能量较多，与重原子核碰撞时损耗能量较少。正因为上述特点，通常用比重较轻的物质吸收中子或使其减速，如水、石蜡、硼酸和其他碳氢化合物等。

对同一射线来讲,屏蔽物质的密度越大,对射线的阻挡作用一般也就越大。

根据上述射线的性质,屏蔽防护的要点就是在放射源周围放置能有效吸收射线的屏蔽材料,就能起到减少放射源射线泄漏的作用。比如:装放射源的铅罐就是很好的屏蔽体。

(2)内照射形成的途径。内照射是指进入人体的放射性物质作为辐射源发出的射线从体内对人体产生的照射。内照射主要是由于吞食、吸入或通过受伤的皮肤直接侵入人体内而造成的。显然,吸入、吞食的放射性物质越多,内照射剂量也越大。

放射性物质进入人体有3个主要途径,具体如图1-4-4所示。

①吸入。即放射性物质(如粉尘中)通过呼吸系统进入血液或停留在气管或支气管里。在一些可能产生粉尘的操作中,应特别注意由呼吸进入体内这个途径。戴好防护口罩是防止放射性物质由呼吸系统进入体内最有效的方法。

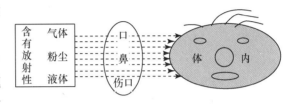

图1-4-4 内照射途径

②食入。被放射性物质污染了的食物可导致这种危险。工作人员若饭前没有洗手、洗脸,则有可能通过进食将放射性物质引入体内。所以,放射性物质操作场所应该保持干净,定期用表面放射性污染监测仪进行监测,发现有放射性污染应及时去污。严禁在工作场所进食等措施是防止食入放射性物质的重要方法。

③皮肤渗透。人体皮肤有一定的防止放射性物质进入体内的功能,外表的角质层能阻止放射性物质渗入。但若皮肤受损伤导致角质层破坏(出血是皮表角质层受破坏的最明显标志)时,皮肤的防护功能大大下降,放射性物质就极易通过伤口进入体内和血液从而导致内照射。所以,皮肤受损伤的人员不宜进行放射性物质操作。

(3)内照射的防护方法。由于内照射与外照射的显著差别是,即使不再进行放射性物质的操作,已经进入体内的放射性物质仍然在体内产生有害影响。因此,内照射防护的基本原则是尽可能地隔断放射性物质进入人体的各种途径,采取的基本措施有:

①严格控制货包表面和工作场所的污染水平(比如要保持工作场所清洁和对被污染的空气、水、物体表面采取去污措施来控制污染水平等),特别是货包表面,防止放射性物质经呼吸道或口腔等消化系统进入人体内。

基本防护措施是:

a)空气净化:通过空气过滤、除尘等方法,尽量降低空气中放射性粉尘或放射性气溶胶的浓度。

b) 换气稀释:利用通风装置不断排出被污染的空气,并换以清洁空气。

c) 保持工作环境、工作台面的清洁。

d) 密闭操作:把可能成为污染源的放射性物质放在密闭的手套箱或其他密闭容器中进行操作,使它与工作场所的空气隔绝。

e) 加强个人防护:进入工作场所时,操作人员应戴高效过滤材料做成的口罩、医用橡皮手套,穿工作服;在空气污染严重的场所,操作人员要戴头盔作业;若外露皮肤上有伤口应立即停止作业,或采取防护措施保护好伤口后才可作业。

f) 保持良好的个人卫生习惯:离开工作场所,应仔细进行污染测量,并及时更衣、洗手、沐浴;严禁在工作场所进食、吸烟、饮水、存放食品;严禁用可能被污染的手接触食物、衣服或其他生活用具。

g) 防止放射性物质不经过处理而大量排入江河、湖泊或注入地质条件差的深井,造成地面水或地下水源的污染。

② 严格控制操作场所空气中放射性物质的浓度,防止因呼吸及粉尘沉降造成危害。

③ 建立内照射监测系统:应及时对工作环境和周围环境中的空气、水源和有代表性的货物或货包进行常规监测,以便及时发现问题,改进防护措施。

第二节 常用辐射防护用品

辐射对人体的危害是由超过允许剂量的射线作用于机体而发生的。在放射性物品道路运输、装卸等过程中,除了将放射源放在符合国家标准的运输容器内,利用容器具有的包容、屏蔽、散热和防止临界的性能来保障安全外,还需要对运输、装卸等操作人员自身进行辐射个体防护。

辐射个体防护是根据射线与人体的作用方式和途径进行的。防止外照射的个体防护措施是对人体采用屏蔽包裹,阻挡射线由体外穿入人体,如穿防辐射的护目镜和工作服等;防止内照射的个体防护措施就是防止放射性物质从消化道、呼吸道、皮肤接触等途径进入人体,如戴防护口罩等。常用内外照射防护用品如下:

一、外照射危害防护用品

外照射个体防护措施主要有穿戴防辐射的护目镜、工作服、防护面具、防护手套和防护靴等。

1. 护目镜

为了保护眼睛使其免受射线的直接照射,通常采用佩戴护目镜的方法,如图1-4-5所示。

防射线护目镜包括防 X 射线眼镜和防中子眼镜两种产品。其中:防 X 射线眼镜由铅玻璃镜片和镜架组成。这种镜片是在一般玻璃中加入一定量的金属铅而制成,是利用铅对 X 射线的吸收和阻挡进而实现对眼睛的保护。主要用于 X 射线诊断的医务工作人员。防中子眼镜由含硼透明树脂板制成镜片,配适当镜架构成。其对热中子的屏蔽效率在 95% 左右,对中能中子为 40% 左右,对紫外光为 99%。主要用于高能物理科学试验和油田中测井时对中子照射的防护。

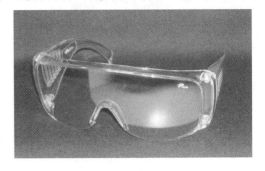

图 1-4-5　护目镜

对于其他类型的防护非电离辐射的护目镜种类较多,主要用以防止生产中的有害红外线、耀眼可见光和紫外线进入眼部,以及防止焊接过程中产生的强光、紫外线、红外线和金属飞屑对面部的伤害。其镜片主要有吸收式、反射式、吸收—反射式、光化学反应式和光电式等种类。

(1)吸收式:利用吸收材料将有害辐射线吸收,使之不能进入眼内。

(2)反射式:利用反射材料将有害辐射线反射掉。

(3)吸收—反射式:采用即能吸收又能反射有害射线的材料制成,这种材料能同时具有以上两种作用。通常在吸收式镜片上采用镀膜法镀上膜层即成为吸收—反射式镜片,这种镜片可避免吸收式护目镜若使用时间较长将导致温度升高的缺点。

(4)光化学反应式:即变色镜,该种镜片是在炼制硅玻璃时注入卤化物(如卤化银)而制成。将这种玻璃暴露在辐射能下,会发生光密度或颜色的可逆性变化。但是,现有材料的光化学反应速度仍然较慢。

(5)光电式:该种镜片是用透明度可变的陶瓷材料或电效应液晶等制成。它是用光电池接受强光信号,再通过光电控制器促使陶瓷片或液晶改变颜色,由透光转变为不透光来吸收强光。若没有强光时陶瓷片或液晶恢复原来的排列状态,镜片变成无色透明,这种镜片大有发展前途,国外已将这种镜片广泛应用于护目镜的制造上。

护目镜宽窄和大小要恰好适合使用者要求,对护目镜要进行经常的检查和保养。护目镜要表面光滑,以免操作人员戴用时感到视物不清、头晕、影响视力,镜架要圆滑,不可造成擦伤或有压迫感。镜片与镜架衔接要牢固。护目镜一定要按出厂时标明的遮光编号或使用说明书使用,切勿用错。

防护面罩,如图 1-4-6 所示,它与护目镜的作用类似,其防护面积较大。

2. 防护手套

通常,射线防护手套是由多层铅橡胶、皮革和棉布编织而成的,外层为皮革,内层为棉布,如图 1-4-7 所示,能防护 γ、X、高能 β 射线及气溶胶。

图1-4-6 防护面罩
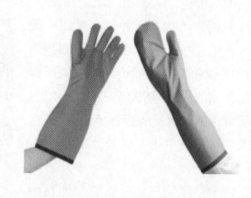
图1-4-7 防护手套

防护手套的尺寸型号要选择合适,太大时会使操作不方便。手套在穿戴前应仔细检查,破裂或有小孔的不能使用。

放射性物品操作人员脱下手套时,应将手套污染面翻向里,要特别注意不要污染手和手套的内层(清洁面)。污染在手套上的放射性物质,一般能及时清洗掉。但当仔细清洗后污染程度仍超过控制水平时,手套就不能继续再使用。清洗操作过放射性物品的手套时,一般应戴在手上进行,不得脱下来洗。

进入开放型放射性工作场所时,都应穿有专用鞋,相邻的放射性工作场所有时也要配备专用鞋,拖鞋、胶鞋等均可做专用鞋。

3. 防护服

电磁辐射包括非电离辐射和电离辐射两大类。电离辐射是在通过物质时能引起物质电离的一切辐射的总称,它包括电磁波中的 X 射线及 α、β、γ 射线等。非电离辐射通常指无线电波、红外线、可见光线、紫外线等。不同类型的辐射所产生的射线等级也各不相同,因而抵抗这些射线辐射的材料也不尽相同。

根据所屏蔽射线的种类,射线防护服可分为两类:

一种是电离辐射防护服,见表1-4-4,主要防护 X、γ、β、α 射线等。由于铅是放射性辐射屏蔽物质,因此,目前大部分电离辐射防护服都主要采用铅橡胶、铅塑料和其他复合材料制作而成,以供接触射线人员穿用。

普通百姓能买到的电离辐射防护服,一般是由天然橡胶和黄丹粉经加工外包布制成,黄丹粉就是 Pb_3O_4,也叫铅丹,是一种含铅化合物,铅防护服中的铅含量即来自于黄丹粉。目前多用于医院放射科、学校实验室、核工业环境等。一般电离辐射防护服的防护能力为 0.1~0.5mmPb 铅当量,常见的 0.35mmPb 铅当量的防护服比较重,一件长袖防护服大约有 4~6kg。铅防护服的使用寿命一般为 5~8 年,存放时要注意不能折叠,否则容易造成折角部分破损而影响防护效果。

第四章 辐射防护与监测

表 1-4-4 电离辐射防护服

产品名称	经济型核防护套装	标准型核防护套装	增强型核防护套装	作业型核防护套装	专业级核防护套装	强化级核防护套装
适用人群	市民	市民职员	市民职员	工作人员 专家,官员	专业人员,监测人员 记者,运输人员	抢险队员 救援人员
图片展示						
使用区域	轻度污染区 可疑污染区	轻度污染区 可疑污染区	轻度污染区 可疑污染区	轻度污染区 中度污染区	中度污染区	中度污染区 重度污染区
防护能力	核气溶胶,放射性尘埃β,α射线,碘-131,防粉尘,防水	核气溶胶,放射性尘埃β,α射线,碘-131,防粉尘,防液体化学物	核气溶胶,放射性尘埃β,α射线,碘-131,防粉尘,防液体化学物	核气溶胶,放射性尘埃β,α射线,碘-131,防粉尘,防液体化学物	核气溶胶,放射性尘埃γ,X,β,α射线,碘-131,铯-137,防核生化物质	核气溶胶,放射性尘埃γ,X,β,α射线,各种放射性毒素

此外，还有一种能提供躯干重要器官屏蔽的防护大褂，它类似长袖型的防护服，主要是由铅橡胶改性复合材料制成，既可以配合防护服使用，也可以独立佩戴，如图1-4-8所示。

另一种是普通的非电离辐射的防护服，主要用来防护电磁辐射及部分长波射线。这类防辐射服主要以金属纤维混纺的为准，以金属纤维含量在27%以上的为最佳比例。目前，市场上还出现了以银纤维制成的防护服。根据银纤维含量的不同又分半银纤维和全银纤维。

这类防护服的原理都是利用了金属的导电性。面料在织造时以极细的金属纤维与传统织物一起织成防辐射服的面料，使金属纤维在面料中形成金属网。当人员处于辐射环境中时，面料内金属纤维形成的金属网就变成了金属回路，产生感应电流，由感应电流产生反向磁场，起到屏蔽辐射的效果。主要适宜人群为：孕妇、电磁辐射严重环境下的工作人员、长期使用电脑者，同时适宜通信设备或者信号发生设备集中的地方。

在特殊放射性场所进行个人防护还可采用全身防护的通气冷却服和通水冷却服。通气冷却服是一种衣服内通入冷气的防护服，由于通入冷气而使人体的周围温度保持在可

图1-4-8　防护大褂

耐范围之内。所以这种防护服具有良好的防护效果，不过结构比较复杂，且需要供应冷气和调节气体的装备。通水冷却防护服是在衣服的夹层里放上一层用细的水管网织成的夹层，水管里通入冷水，以取得防护效果。由于水的热容量比空气高得多，所以，它的防护效果也较通气冷却服为高，不过结构则更为复杂，而且需要供应和调节冷水的装备。

一切有放射性工作的场合，都应明确规定在放射性工作场所使用过的工作服、鞋和手套等防护用品的存放地点。未经防护人员测量并同意，绝对不准将个人防护用品穿戴出放射性工作场所或移至非放射性区使用。

二、内照射危害防护用品

1. 防护口罩

正确地使用防护口罩，如图1-4-9所示，是减少工作人员摄入放射性物质的重要手

段。由于放射性气溶胶粒子的直径极小,普通口罩对放射性气溶胶的过滤作用很不明显。为此,目前常用于放射性工作场所的口罩,都是以超细合成纤维(直径 1.5μm 或 2.5μm 左右)为过滤材料做成的。

这些口罩的特点是:过滤材料本身的过滤效率很高(大部分在 99.9% 以上),但戴得不好(与脸面接触不严密)时,侧漏很严重。用医用胶布来黏合花瓣型口罩与脸面的接触处,对减少侧漏有很大帮助。

图 1-4-9　防护口罩

2. 氧气呼吸器

在具有放射性气溶胶、粉尘微粒的场所,工作人员吸入放射性物质会产生内照射时,应佩戴隔绝式氧气呼吸器,如图 1-4-10 所示,以防止放射性物质由呼吸系统进入人体而造成危害。

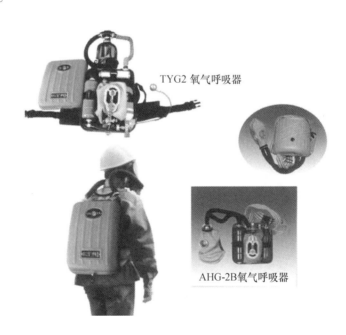

图 1-4-10　氧气呼吸器

第三节　常用辐射监测仪器的使用方法

通常,射线不能由感觉器官察觉,必须使用专用仪器进行测量,所以在放射性工作中离不开对放射线的剂量监测。

核辐射与物质间的相互作用是核辐射监测方法的物理基础。辐射防护监测实际上是指为估算公众及工作人员所受辐射剂量而进行的测量,是辐射防护的重要组成部分。它是衡量公众和工作人员工作环境条件的重要手段,通过监测能检验辐射防护标准的执行情况和防护措施是否安全可靠,以便及早地发现污染事件和事故征兆,并及时采取措施和对策,防止污染扩散或事故扩大。因此,在放射性运输操作或管理工作中,辐射剂量监测是十分重要的。

一、辐射监测的分类

辐射防护监测的对象是人和环境,其主要包括工作场所监测、个人剂量监测、流出物监测和环境监测。根据射线对人体危害的途径,辐射监测也可分为外照射监测和内照射监测。此外,又可从不同角度将上述各种类型的辐射监测划分为更具体的类型。比如按照监测对象不同,外照射监测可分为个人剂量外监测和工作场所外监测。按照监测辐射的类型可分为 γ 外照射监测、X 外照射监测、β 外照射监测和中子外照射监测。

按照监测的性质和目的,外照射监测还可分为常规监测、操作监测和特殊监测(含事故监测)。其中,常规监测是在正常情况下的定期或不定期的监测,用于连续性作业,主要目的在于证明工作环境和工作条件是安全的,没有发生任何需要重新评价操作程序的变化;而操作监测是指在某些涉及放射性物品的操作开始时所进行的监测,是为了提供与某一作业有关的资料而进行的;特殊监测则是在异常、事故的情况下所进行的个人监测,应用于实际存在的或怀疑会发生异常的情况。

1. 工作场所剂量监测

工作场所剂量监测是了解辐射场的剂量水平,达到改善防护措施、进行安全生产的目的。其目的在于保证该场所的辐射水平及放射性污染水平低于预定的要求,以保证工作人员处于合乎防护要求的环境,避免工作人员受到超剂量照射。同时,还要及时发现偏离上述要求的原因,以便及时纠正或采取临时防护措施。

通常,辐射场所的剂量水平来自几个方面的辐射因素:开放型和封闭型放射源的外照射,表面污染的辐射和工作场所中放射性粉尘,气溶胶的辐射等。所以,其剂量监测一般包括工作场所外照射监测、工作场所表面污染监测、工作场所空气污染监测。经常对放射性工作场所进行剂量监测,可以为个人受照剂量、工作场所的防护情况提供可靠的剂量依据。

(1) 工作场所外照射监测。外照射剂量监测主要是对 γ,X 射线辐射的监测,有时也指对中子和 β 射线的监测。根据工作特点、性质不同,可采用定期、定点的常规监测或不定期、不定点的重点监测方法测定工作场所及邻近地区的辐射水平,辐射分布情况是否符合或超过国家标准。

监测时应侧重以下几点:

①分区监测工作场所的照射量率,重点监测工作人员操作位置(或经常停留的地方)的辐射水平。

②工作场所的临近房间及室外的照射量率。因强的 γ 射线束或中子辐射束能穿透房顶,在空气中也会散射到地面,造成临近地面上的辐射剂量超过相应的标准。

③监测辐射源在静止和运行状态时的辐射水平。

④辐射源活度改变后的辐射水平。

⑤开放型工作场所的外照射因素中,要测定放射性粉尘和废物存放处的辐射强度。

⑥γ 射线照射空气后产生的分解产物臭氧(O_3),对人的毒性较大,要注意辐照室中的臭氧浓度,及时排出。

(2)工作场所表面污染监测。表面污染监测常用于开放型的工作场所,或因违章操作而散、漏放射性物质等事故时的表面污染,以便及时采取措施。

表面污染监测的主要辐射类型是 α、β 射线。其监测目的主要是:防止污染扩散,检查污染控制是否失效或是否违反操作规程,把表面污染限制在一定区域和一定水平之内,以防止污染扩散和工作人员受到过量照射,从而为制订个人监测方案、空气污染监测方案以及操作规程提供资料。

常用的表面污染监测方法有以下几种:

①对易产生污染而具有代表性的区域、设备、工具等进行定期监测,及早提示污染程度。

②测量工作场所使用的仪器、通风柜、拖布、抹布、包装容器、墙壁和操作台等表面的辐射剂量。

③测定工作人员的个人防护用品,如衣、帽、手套和鞋等的放射性核素的活度。

④测定表面污染时可直接用仪器进行测量,也可以用棉球擦拭后,放在仪器上进行测定。

表面污染水平和工作人员的受照剂量之间关系十分复杂。目前,有关表面污染的导出限值多少带有某种程度的任意性。为了评价表面污染监测结果,必须把它们同表面污染的导出限值联系起来,如果表面污染水平比相应导出限值低或低很多,那么可以认为没有必要再进行其他形式的污染监测。

(3)工作场所空气污染监测。空气污染监测包括空气中放射性气溶胶测量和放射性气体测量两个方面。常用于开放型的工作场所(铀、钍矿开采,放射性同位素的涂描作业和生产加工以及开瓶分装等)。开放型工作场所的空气污染,不仅可导致外照射,更重要的是放射性核素进入体内后可产生内照射,引起机体放射性损伤。

空气污染的范围较表面污染大,若污染空气飘逸到工作场所以外,还将对植物、水源有较大的影响。因此,必须对工作场所的空气进行污染监测,借以了解空气污染情况以及某些情形下用以估计工作人员可能吸入的放射性物质的数量。因此,空气污染的监测目的是测定工作场所及邻近地区空气中粉尘、气体、气溶胶放射性浓度是否超过国家标准,进而达到改进操作方式、控制空气污染的目的。

常用空气污染监测方法有以下几种:

①测定易产生粉尘的加工作业区及操作易挥发性同位素(碘、氡、氚等)的试验室空气中放射性浓度。

②选择性地布点进行定期监测,临时使用或少量使用的要抽测。

③对大型的放射性操作单位,视排出的放射性核素的种类、数量,对防护区内的空气进行定期监测(尤其是下风向),了解空气被污染的情况。

④对排风系统中的过滤装置前后的空气进行定期监测,检查过滤效率及向大气中排放的放射性浓度。

⑤采样方式一般使用空气抽吸过滤的方法和黏着法。黏着法对较大的粉尘颗粒较适宜,而测气溶胶一般采取空气抽吸法,即采用空气取样器进行测量。取样器一般放置在能代表工作人员呼吸带的位置上。

为了探测意外空气污染,可能有必要设置连续监测装置,连续地进行取样和监测,并且一旦浓度超过预定值,可以发出警报信号。

2. 个人剂量监测

个人剂量监测是辐射防护评价和辐射健康评价的基础,是对个人实际所受剂量大小的监测。监测内容包括个人剂量外照射监测、皮肤污染监测和内照射(体内污染)监测。

(1)个人外照射监测。个人外照射监测是指用工作人员佩戴的个人剂量计所进行的测量及对测量结果所做的解释和分析。

①个人外照射剂量监测目的:

a)确定工作场所辐射水平,确认安全程度。

b)限制工作人员的剂量当量或评定工作人员所接受的剂量水平。具体讲就是,对人体主要受照器官或组织所接受的平均剂量或全身剂量(有效剂量)作出估算,进而控制工作人员所受的剂量,并证实他们接受的剂量符合有关的国家标准。

c)估算在放射性事故或某一特殊操作中所接受的剂量当量。

②个人外照射剂量监测方法:

a)器材选用:个人剂量计。

b)选择位置:选择具有代表性的工作位置(如剂量较大,操作时间较长,距离较近等)进行监测。

c)选用合适的个人剂量计,要求个人剂量计能量响应好,方向依赖性小,使用的量程范围大,测量稳定,结果可靠,体积小,结实,质量轻,易于佩戴。

要针对射线的种类、能量大小、辐射场的强度等选用灵敏度高、体积小、便于携带的一种或两种以上剂量计。对于β、X、γ辐射场,一般选用电离室型个人剂量计、胶片剂量计和热释光剂量计。对于中子辐射场,一般选用核乳胶、热释光中子个人剂量计等。对于高剂量区域中操作人员的监测,要求剂量计能及时给出计量值,并有音响和灯光报警指示。

d) 佩戴部位合适:个人剂量计应佩戴在人体表面具有代表性的部位(如头、手等)或需要观察监测的特点部位上,而反照率中子剂量计必须紧贴身体。其测量结果应尽量反映全身或局部组织所受照射。

(2) 皮肤污染监测。皮肤污染是人体受到外照射的来源之一,同时污染皮肤的放射性物质可能转移到人体内造成内照射。

皮肤的表面污染的测定一般可用表面污染监测仪。其测量结果用皮肤表面污染导出值进行评价。如果污染不超过这些值,一般不必估计它所引起的辐射剂量。如果污染难以去除或初始水平很高,就需要对剂量当量作出某些估算,尽管这种估算一般是极不精确的。若估计的剂量当量值已超过相应限制的十分之一,则应记入个人的剂量档案。

皮肤污染监测所使用方法和仪表与工作场所表面污染监测所使用的仪表有相同之处。

(3) 个人内照射监测。在开放型放射性工作场所,工作人员一般都应进行体内放射性核素的剂量监测。尤其是辐射防护条件差、空气中可能带有放射性核素的工作场所,更应进行内照射监测。

为了确保辐射安全,从事放射性工作的操作人员都应佩戴个人剂量计,随时随地观测所吸收的放射性剂量的大小,一旦发现有异常立即采取相应措施。

①内照射监测目的:

a) 估算体内放射性核素的积存量和剂量当量,提供在放射性事故中引起机体损伤的剂量参数和利用放射性核素进行诊断治疗后体内辐射剂量水平。

b) 评定开放型工作场所空气污染程度。

②内照射监测方法:

a) 体外测量:通过体外测量来估算体内或组织内的放射性核素积存量,一般可用全身计数器直接测量。

b) 生物检验:测定工作人员的排泄物(尿、粪)、肺呼出气体、鼻涕、唾液、汗液、血液、毛发等其他生物样品的放射性核素含量和活度,据此估算出放射性核素在体内或组织内的积存量。

c) 直接测量全身或肺、甲状腺等器官(组织)中的放射性核素含量,它是估算发射γ射线核素在体内污染的一种最合适方法。

通常,对人体进行核辐射检查时,应该先进行物理性监测,若发现检测指标异常,再进行生理性检测。体内污染个人监测的频度,主要取决于摄入放射性物质在体内的滞留时间和探测器的灵敏度。

关于评价个人体内污染的监测结果,需要建立一种模式,以便能够把体内污染监测中测量的量同相应的次级限值联系起来。

3. 其他辐射防护监测

(1)流出物监测。流出物是放射性流出物的简称,系指排入环境的放射性气溶胶、放射性气体或液体放射性物质,流出物监测是环境监测与现场监测的结合部。

(2)环境监测。环境监测包括本底调查、运行中常规监测和事故调查。环境监测的项目为空气、水和土壤污染监测;动植物中放射性核素监测;环境中 α、β、γ 辐射监测。

(3)控制区出入管理。为了防止污染的扩散和防止不必要的人员进入控制区,在监督区和控制区之间的入口处设置卫生通道,配备剂量管理设施,使只有经过有关部门批准执行某项任务的人员,才能进入控制区。

(4)工艺监测。辐射工艺监测也称作辐射过程检测,监测各种工艺过程中的液流和气流的辐射水平及其变化,监测包容放射性流体设备的密封性,判断相关的工艺过程和设备运转是否正常。工艺监测可采取在线监测和离线检测两种监测方法。

二、辐射监测仪器

在放射性操作或防护管理工作中,离不开对工作场所辐射水平和工作人员受照剂量的监测。专用的放射性防护监测仪须满足下列要求:

(1)灵敏度。对射线种类的能量响应好。

(2)量程范围。适应辐射场剂量大小的需要。

(3)环境要求。适合环境的温度、湿度等。

(4)操作方式。便于操作或携带。

1. 常用辐射监测仪器

辐射监测有各种不同的仪器,主要用来记录射线种类、测量射线强度,分析射线能量。

一般将监测器分为两大类:一是径迹型监测器,如照相乳胶、云室、气泡室、火花室、电介质粒子探测器和光色探测器等,它们主要用于高能粒子物理研究领域。二是信号型监测器,包括电离计数器、正比计数器、盖革计数管、闪烁计数器、半导体计数器和契伦科夫计数器等,这些信号型监测器在低能核物理、辐射化学、生物学、生物化学和分子生物学以及地质学等领域越来越得到广泛的应用。放射性运输从业人员所使用的监测器基本上属于信号型监测器。信号型监测器包括电离型监测器、闪烁监测器和半导体监测器。

(1)电离型监测器。利用射线通过气体介质时,使气体发生电离的原理制成的监测器。仪器通过收集射线在气体中产生电离电荷来测量核辐射。主要类型有电流电离室、正比计数管和盖革计数管。

①电流电离室:测量由于电离作用而产生的电离电流,适用于测量强放射性,主要用来研究由带电粒子所引起的总电离效应,即测量辐射强度及其随时间的变化。

②正比计数管:由于输出脉冲大小正比于入射粒子的初始电离能,故定名为正比计数管。这种计数管普遍用于 α 和 β 粒子计数,具有性能稳定、本底响应低等优点。

③盖革计数管:其工作电压更高,出现多次电离过程,因此输出脉冲的幅度很高,已不再正比于原始电离的离子对数,可以不经放大直接被记录。它只能测量粒子数目而不能测量能量,完成一次脉冲计数的时间较长,因此,普遍地用于监测 β 射线和 γ 射线强度。

(2)闪烁监测器。利用射线与物质作用发生闪光的仪器。它具有一个受带电粒子作用后其内部原子或分子被激发而发射光子的闪烁体。当射线照在闪光体上时,便发射出荧光光子,并且利用光导和反光材料等将大部分光子收集在光电倍增管的光阴极上。光子在灵敏阴极上打出光电子,经过倍增放大后在阳极上产生电压脉冲,此脉冲还是很小的,需再经电子线路放大和处理后记录下来。

闪烁监测器以其高灵敏度和高计数率的优点而被用于测量 α、β、γ 辐射强度。

(3)半导体监测器。半导体监测器的工作原理与电离型监测器相似,但其监测元件是固态半导体。当放射性粒子射入这种元件后,产生电子——空穴对,电子和空穴受外加电场的作用,分别向两极运动,并被电极所收集,从而产生脉冲电流,再经放大后,由多道分析器或计数器记录。

半导体监测器可用作测量 α、β 和 γ 辐射。

2. 放射性运输从业人员常用监测仪器

(1)便携式多功能辐射监测仪、射线监测仪、核辐射监测仪、表面污染监测仪、剂量率仪。手持式 α、β、γ 和 X 多功能核辐射仪为使用者提供了快速、精确、便捷的辐射监测手段,如图 1-4-11 所示。它既可做辐射剂量率监测又能用于表面污染测量,此类辐射监测仪采用 GM 探测方法,用以放射性工作场所和表面,实验室的工作台面、地板、墙壁和工作人员的手、衣服、鞋的 α、β、γ 和 X 放射性污染计数测量以及监测环境剂量率,是一款性价比高的辐射测量仪器。常用于:

①检查局部的辐射泄漏和核辐射污染;

②检查石材等建筑材料的放射性;

③检查有核辐射危险的填埋地和垃圾场;

④监测从医用到工业用的 X 射线仪器的 X 射线辐射强度;

图 1-4-11 多功能核辐射仪

⑤检查地下水镭污染;

⑥检查地下钻管和设备的放射性；
⑦监视核反应堆周围空气和水质的污染；
⑧检查个人的贵重财产和珠宝的有害辐射；
⑨检查瓷器餐具、玻璃杯等的放射性；
⑩精确定位辐射源；
⑪家居装饰的监测。

(2) 个人剂量仪。个人剂量仪，如图 1-4-12 所示。采用单片机技术制作而成，用来监测 X 射线和 γ 射线对人体照射的剂量当量率和剂量当量，有设置阈值和超阈报警功能。广泛适用于辐照站、海关、工业无损探伤、核电站、核潜艇、同位素应用和医疗钴治疗和交通运输等领域。

在日常使用中，个人剂量计灵敏度可能会发生变化，这可能是元件本身灵敏度改变引起的，也可能是测读仪器不稳定造成的，可用校准光源来检验。

①个人剂量仪具有如下特点：

a) 灵敏度高，稳定可靠。

b) 能测量射线剂量率，显示剂量率、累积剂量和存储累积剂量。有多种剂量率报警阈值可供选择，能根据剂量率大小和精度要求高低选择测量时间。

图 1-4-12　个人剂量仪

c) 功耗低，体积小，携带方便。

d) 仪器操作简单，使用方便。

②个人剂量仪的选用和佩戴要求：

a) 要针对射线的种类、能量大小、辐射场的强度等选用灵敏度高、体积小、方向依赖性小、便于携带的一种或两种以上剂量计。对于 β、X、γ 辐射场，一般选用电离室型个人剂量计、胶片剂量计和热释光剂量计。对于中子辐射场，一般选用核乳胶、热释光中子个人剂量计等。对于高剂量区域中操作人员的监测，要求剂量计能及时给出计量值，并有音响和灯光报警指示。

b) 佩戴部位也要合适，一般要佩戴在人体表面具有代表性的部位(如头、手等)或需要观察监测的特点部位上。其测量结果应尽量反映全身或局部组织所受照射。

(3) 个人报警电子剂量仪。个人报警电子剂量仪，如图 1-4-13 所示。它是一种数字便携式报警剂量仪，是为在低剂量场工作而设计的，用来测量 γ 和 X 射线的，直观反映监测结果，可进行实时测量，显示工作人员所受剂量和工作场所的剂量率，并设有剂量和剂量率阈值报警。该剂量仪具有灵敏、精确和可靠，并可同时显示剂量和剂量率的特点。分为自带手动和自动两种模式，可选 PC 接口对数据进行恢复。其使用和佩戴要求如下：

①个人报警电子剂量仪设有 3 种报警（剂量溢出、剂量率溢出、电池低电压），如有报警，首先应离开工作场所，再查看剂量仪显示，并立即报告防护人员。相应的报警显示为：剂量溢出报警（剂量单位 mSv）doo；剂量率溢出报警（剂量率单位 mSv/h）dro；电池低电压报警 lob；空白显示 OFF。

图 1-4-13　个人报警电子剂量仪

②电池缺电时，剂量仪会提前报警，应向防护人员报告，尽快更换电池。

③不得随便佩戴，必须按标准佩戴指定位置（佩戴于左胸上部）。

（4）热释光剂量仪（TLD）。热释光剂量仪是用来测量运输途中工作人员所受外照射，具体讲是测量 γ 射线和中子，记录接收剂量照射的情况，因为途中基本上无内照射，所以不进行内照射监测。热释光剂量仪的使用和佩戴要求同上。

3．其他辐射监测仪器

（1）Surveyor 50/Surveyor 2000 便携式 GM 检测仪表。Surveyor 型是便携式检测仪表，如图 1-4-14 所示，设计为 γ/X 线照射量率测量和 α、β、γ 及 X 线计数率测量使用，带有一个适当的 GM 探头及校准。

（2）FHT6020 区域监测系统。FHT6020，如图 1-4-15 所示，是由 Thermo 公司生产的区域监测器，可显示测量数据并带有报警、网络通信功能。

图 1-4-14　便携式 GM 检测仪表

图 1-4-15　FHT6020 区域监测系统

独立操作时，FHT6020 可以用带有智能探头的区域测量以及带有 FHT40G 量程的探头测量。也可以用智能探头及 FHT40G 探头混合操作。

（3）RMS-3 区域监测器。RMS-3 区域监测器，如图 1-4-16 所示。探头的整个量程的任何点都可以设为报警。高清晰度 LED 显示，当前条件的连续刷新。整个操作状态都出现高报警、警示报警和正常的指示。内置在检测器中的发声器在超过设置点时即可声音报警。报警认可按钮设置在前面板上，供用户用来停止声音报警。

（4）700 系列检测器 7-20&7-21 型区域辐射报警监测器。Minalert700 系列监测器，

图1-4-16　RMS-3区域监测器

如图1-4-17所示。它是可直立或固定安装的辐射监测器。仪器设计用于高剂量放射治疗设备或非破坏性测试台的高能X射线和γ射线监测。

(5) EPD MK2电子个人剂量计。EDP MK2电子个人剂量计,如图1-4-18所示,对X、γ射线和β粒子敏感度极高,可通过剂量计直接读出剂量,同样具有报警功能。

(6) EPD-N2γ、中子个人剂量仪。EPD-N2是电子个人剂量仪装置,如图1-4-19所示,可灵敏地测量光子(γ、X)射线和中子。

图1-4-17　7-20型区域辐射报警监测器

图1-4-18　EPD MK2电子个人剂量计

EPD-N2包含多个半导体探头、前置放大器电路进行测量γ和中子辐射。并进行累计剂量当量和剂量率计算,数据每15min就安全地存储在EPD-N2的内部存储器里,可通过按钮选择在显示屏上观看,也可经由红外线传输从EPD-N2读出或写入。软件Easy EPD2在PC上可进行相关操作。

(7) ALPHA-7Aα粒子连续空气监测器。ALPHA-7A,如图1-4-20所示。它是以PC为基础的连续空气监测器,它能够快速高效地识别和量化空气中的α核素,主要是^{235}Pu和^{239}Pu。

图1-4-19　EPD-N2γ、中子个人剂量仪

图1-4-20　α粒子连续空气监测器

ALPHA-7A提供了两个探头设计,放射状的进入头用于环境空气监测,同轴进入头

用于烟囱监测。两个探头都可从中心显示和控制机进行遥控。

（8）FHT59C 移动滤纸式气溶胶 β 监测仪。FHT59C,如图 1-4-21 所示。它是一个性能极好的移动滤纸式气溶胶监测仪,在无需更换滤纸的情况下,可连续工作 1 年或 1 年以上。

载有放射性的气溶胶被移动滤纸带收集,同时备一份探测器测量。

探测器为一个正比计数器,同时测量 α 和 β 活性,并用 α/β 比值技术来校正收集在滤纸上的氡子体。

（9）CM-11 个人污染监测器。CM-11 作为备用的界面监测计也是理想的,它可以证实个人监测计的报警,指出污染的位置并对每 $100cm^2$ 计数,把氡损伤的报警与其他报警分开,也可以在电源故障时作应急使用,如图 1-4-22 所示。在燃料和动力处理现场、国防部门、政府实验室和医院或工业的热室作监测用。

图 1-4-21　移动滤纸式气溶胶 β 监测仪

图 1-4-22　CM-11 个人污染监测器

CM-11 典型的应用为与手、脚监测器并用,监测衣服以加速吞吐量。换算成每分钟输入或每分钟脉冲的检测项目。

（10）FHT65 LL/LLX 手足监测器。Thermo 电器公司的 FHT65 LL/LLX 手足监测器用于测量和记录医学、放射化学和核工业的工作人员的手、腕和脚的表面污染,如图 1-4-23 所示。

FHT 65 LL 对 α、β 测量采用 Ar/CH_4、Ar/CO_2 或 CH_4-流气型计数管。

FHT 65 LLX 对 γ 射线监测采用密封的氙计数管。

（11）FCM-4M 地板污染监测器。大面积地板用手工搜寻太麻烦或很困难。FCM-4M,如图 1-4-24 所示,提供低价格便携式监测大面积地板污染,使用推车带有相应的气体供应瓶简单的大面积气流正比探测器。

图 1-4-23　FHT65 LL/LLX 手足监测器

图 1-4-24　FCM-4M 地板污染监测器

(12) ASM-345-GN 起重机用的辐射测量系统。ASM-345-GN 是起重机安装的辐射探测系统,当码头上起重机传送物质时,它探测辐射源或核装置的存在,如图 1-4-25 所示。

图 1-4-25　起重机用的辐射测量系统

ASM-345-GN 可以用于货舱监测和船上装载或卸载的其他物质的监测,以防止禁运的违法放射性物质走私。先进的监测系统提供了国际安全机构有效监测货物装船的方法,不干扰港口授权生产的效率。

第二篇

管理知识篇

第一章 放射性物品道路运输法规和标准

目前,我国涉及放射性物品道路运输的有关法律、法规、规章和国家标准、行业标准等,基本上涵盖了放射性物品道路运输的主要环节,初步形成了相应的法规标准体系。为了进一步完善有关工作,交通运输部还将组织有关部门开展相关研究,制订放射性物品道路运输的行业标准。

放射性物品道路运输的法规、标准,是放射性物品道路运输管理人员、从业人员依法行政、依法经营的依据。管理人员、从业人员应该全面、准确地掌握放射性物品道路运输的法规、标准的要求,通过管理,认真、正确、严格地贯彻执行有关规定,从源头上遏止重大放射性物品道路运输事故。

第一节 放射性物品道路运输行政法规

一、《放射性物品运输安全管理条例》

2009年9月7日,国务院第80次常务会议通过了《放射性物品运输安全管理条例》(中华人民共和国国务院令第562号,以下简称《条例》),《条例》于2010年1月1日起施行。

该《条例》是现行放射性物品道路运输安全管理法规中,层次最高的行政法。

1.《条例》简介

《条例》分为"总则、放射性物品运输容器的设计、放射性物品运输容器的制造与使用、放射性物品的运输、监督检查、法律责任、附则"7章,共有68条。

(1)制定《条例》的必要性。放射性物品运输是核能和核技术开发应用中的一个重要环节,易发生核与辐射事故。

随着社会和科技的发展,核能和核技术的应用也迅速发展。我国在发电、医疗、工业等领域广泛应用了核技术,放射性物品运输的规模和种类也都呈快速上升趋势。为了加强对放射性物品运输的安全管理,保障人体健康,保护环境,促进核能、核技术的开发与和平利用,有必要制定《条例》,进一步加强放射性物品运输安全管理。《条例》的制定是我国核能和核技术应用快速发展的需要;是完善放射性物品运输安全管理制度的需要;是加强放射性物品运输环节安全监管的需要;是有效实施放射性污染防治法的需要。

(2)条例的适用范围。《条例》第二条规定:"放射性物品的运输和放射性物品运输容器的设计、制造等活动,适用本条例。本条例所称放射性物品,是指含有放射性核素,并且其活度和比活度均高于国家规定的豁免值的物品。"该条明确了《条例》适用于放射性物品的运输以及放射性物品运输容器的设计、制造、使用,并强调了放射性物品的活度和比活度均高于国家规定的豁免值的物品。

同时,由于放射性物品种类繁多,不同放射性物品的特性和潜在风险不同,故《放射性物品运输安全管理条例》对放射性物品运输安全管理实行分类管理。通过分类管理突出重点、区别对待,实现对放射性物品运输的科学、高效监管。

2. 放射性物品道路运输的启运程序

由于放射性物品的潜在危险性,其运输安全主要是依靠运输容器具有的包容、屏蔽、散热和防止临界的性能来保障的。具体讲:放射性物品运输容器质量是运输安全的根本保证,而其设计的安全可靠性又是运输容器质量保障的源头。为此,《条例》第五条规定,运输放射性物品,应当使用专用的放射性物品运输容器。放射性物品运输容器的设计、制造,应当符合国家放射性物品运输安全标准。其中,国家放射性物品运输安全标准,由国务院核安全监管部门制定,由国务院核安全监管部门和国务院标准化主管部门联合发布。国务院核安全监管部门制定国家放射性物品运输安全标准,应当征求国务院公安、卫生、交通运输、铁路、民航、核工业行业主管部门的意见。

为确保放射性物品运输容器的设计安全,在《条例》中,对放射性物品运输容器的设计、制造和使用作了如下规定:

(1) 放射性物品运输容器的设计。

①一类放射性物品运输容器的设计,要获得国务院核安全监管部门审查批准。

②二类放射性物品运输容器的设计(总图及其说明书、安全评价报告等),要报国务院核安全监管部门备案。

③三类放射性物品运输容器的设计,设计单位应当编制设计符合国家放射性物品运输安全标准的证明文件并存档备查。

(2) 放射性物品运输容器的制造与使用。

①《条例》第十五条规定:"放射性物品运输容器制造单位,应当按照设计要求和国家放射性物品运输安全标准,对制造的放射性物品运输容器进行质量检验,编制质量检验报告。未经质量检验或者经检验不合格的放射性物品运输容器,不得交付使用"。

②从事一类放射性物品运输容器制造活动的单位,要获得国务院核安全监管部门批准,领取一类放射性物品运输容器"制造许可证"。"制造许可证"主要载明:制造单位名称、住所和法定代表人;许可制造的运输容器的型号;有效期限(5年);发证机关、发证日期和证书编号。

③从事二类放射性物品运输容器的制造活动,要到国家核安全局备案。备案内容:与从事的制造活动相适应的专业技术人员、生产条件、检测手段,以及具有健全的管理

制度和完善的质量保证体系的证明材料。

④一类、二类放射性物品运输容器制造单位,应当按照国务院核安全监管部门制定的编码规则,对其制造的一类、二类放射性物品运输容器统一编码,并于每年1月31日前将上1年度的运输容器编码清单报国务院核安全监管部门备案。从事三类放射性物品运输容器制造活动的单位,应当于每年1月31日前将上1年度制造的运输容器的型号和数量报国务院核安全监管部门备案。

⑤放射性物品运输容器使用单位应当对其使用的放射性物品运输容器定期进行维护,并建立维护档案。

⑥一类放射性物品运输容器使用单位还应当对其使用的一类放射性物品运输容器每两年进行一次安全性能评价,并将评价结果报国务院核安全监管部门备案。

为确保放射性物品运输容器的设计、制造、使用安全。具体可参见第一篇第三章"放射性物品运输容器和警示标志"的第一节"放射性物品运输容器基本要求"的"二、放射性物品运输容器的质量要求"中的相关内容。

(3)放射性物品的运输。

确保放射性物品运输容器的设计、制造及使用按照要求进行是整个放射性物品运输过程安全的前提和重要环节。此外,为加强放射性物品道路运输环节的管理,《条例》对放射性物品道路运输过程中的托运人和承运人作了以下规定:

①对放射性物品运输托运人的要求:

a)出具证明及运输说明书等材料。

《条例》第二十九条规定:"托运放射性物品的,托运人应当持有生产、销售、使用或者处置放射性物品的有效证明,使用与所托运的放射性物品类别相适应的运输容器进行包装,配备必要的辐射监测设备、防护用品和防盗、防破坏设备,并编制运输说明书、核与辐射事故应急响应指南、装卸作业方法、安全防护指南。运输说明书应当包括放射性物品的品名、数量、物理化学形态、危害风险等内容。"

b)出具辐射监测报告。

《条例》第三十条规定:"托运一类放射性物品的,托运人应当委托有资质的辐射监测机构对其表面污染和辐射水平实施监测,辐射监测机构应当出具辐射监测报告。托运二类、三类放射性物品的,托运人应当对其表面污染和辐射水平实施监测,并编制辐射监测报告。监测结果不符合国家放射性物品运输安全标准的,不得托运。"

c)编制放射性物品运输的核与辐射安全分析报告书。

《条例》第三十五条规定:"托运一类放射性物品的,托运人应当编制放射性物品运输的核与辐射安全分析报告书,报国务院核安全监管部门审查批准。放射性物品运输的核与辐射安全分析报告书应当包括放射性物品的品名、数量、运输容器型号、运输方式、辐射防护措施、应急措施等内容。"

d)放射性物品运输的核与辐射安全分析报告批准书等文件的备案。

《条例》第三十七条规定,一类放射性物品起运前,托运人应当将放射性物品运输的核与辐射安全分析报告批准书、辐射监测报告,报起运地的省、自治区、直辖市人民政府环境保护主管部门备案。

其中,放射性物品运输的核与辐射安全分析报告批准书应当载明下列主要内容:托运人的名称、地址、法定代表人;运输放射性物品的品名、数量;运输放射性物品的运输容器型号和运输方式;批准日期和有效期限。

e)获得运输批准。

《条例》第三十八条规定:"通过道路运输放射性物品的,应当经公安机关批准,按照指定的时间、路线、速度行驶,并悬挂警示标志,配备押运人员,使放射性物品处于押运人员的监管之下。通过道路运输核反应堆乏燃料的,托运人应当报国务院公安部门批准。通过道路运输其他放射性物品的,托运人应当报启运地县级以上人民政府公安机关批准。具体办法由国务院公安部门商国务院核安全监管部门制定。"

②对放射性物品承运人的要求:

a)取得放射性物品道路运输资质。

《条例》第三十一条规定:"承运放射性物品应当取得国家规定的运输资质。承运人的资质管理,依照有关法律、行政法规和国务院交通运输、铁路、民航、邮政主管部门的规定执行。"

按照资质类型,放射性物品道路运输的资质分为经营性道路运输放射性物品资质和非经营性道路运输放射性物品资质。申请从事放射性物品道路运输经营和非经营的具体条件可参见本节"二、《放射性物品道路运输管理规定》"的"5. 资格条件要求"的相关内容。

b)检验托运人提交的材料。

《条例》第三十四条规定:"承运人应当查验、收存托运人提交的包括运输说明书、辐射监测报告、核与辐射事故应急响应指南、装卸作业方法、安全防护指南等材料。托运人提交文件不齐全的,承运人不得承运。"

③对放射性物品运输托运人和承运人的共同要求:

a)对从业人员进行培训、考核及剂量监测。

《条例》第三十二条规定:"托运人和承运人应当对直接从事放射性物品运输的工作人员进行运输安全和应急响应知识的培训,并进行考核;考核不合格的,不得从事相关工作。"

《条例》第三十三条规定:"托运人和承运人应当按照国家职业病防治的有关规定,对直接从事放射性物品运输的工作人员进行个人剂量监测,建立个人剂量档案和职业健康监护档案。"

b)设置放射性物品警示标志及配备卫星定位系统。

《条例》第三十二条规定:"托运人和承运人应当按照国家放射性物品运输安全标准和国家有关规定,在放射性物品运输容器和运输工具上设置警示标志。国家利用卫星定位系统对一类、二类放射性物品运输工具的运输过程实行在线监控。具体办法由国务院核安全监管部门会同国务院有关部门制定。"

c)事故应急要求。

《条例》第四十三条规定:"放射性物品运输中发生核与辐射事故的,承运人、托运人应当按照核与辐射事故应急响应指南的要求,做好事故应急工作,并立即报告事故发生地的县级以上人民政府环境保护主管部门。"具体事故应急程序参见第二篇第二章"放射性物品道路运输及核与辐射事故应急"的第二节"核与辐射事故应急组织实施"的相关内容。

综上所述,托运前,放射性物品道路运输托运人应首先使用与所托运的放射性物品类别相适应的运输容器进行包装,并在运输容器上粘贴好相应的警示标志,选用的运输容器和货包的设计和质量均应满足相应的设计制造规范要求;然后,根据放射性物品种类向公安部门申请运输许可或批准,并准备需向承运人提交的文件(包括运输说明书、辐射监测报告等)以及必要的辐射监测设备、防护用品和防盗、防破坏设备等;同时,托运人还应选择具有放射性物品道路运输资质的企业进行放射性物品运输托运任务,确保托运人对放射性物品运输中的核与辐射安全负责。

放射性物品道路运输承运人在接收托运人的运输任务后,应组织具有相应放射性物品运输资格、并经过放射性物品运输安全和应急响应知识培训并考核合格的人员从事该运输任务。同时,选用适合所承运放射性物品要求,并设置正确的警示标志及卫星定位系统的专用车辆进行放射性物品道路运输。

综合放射性物品运输容器的设计、制造、使用及运输的相关要求,可将放射性物品道路运输的起运程序归纳为如图2-1-1所示。

二、《放射性物品道路运输管理规定》

为了规范放射性物品道路运输活动,保障人民生命财产安全,保护环境,交通运输部根据《道路运输条例》和《放射性物品运输安全管理条例》,制定了《放射性物品道路运输管理规定》(交通运输部令2010年第6号,以下简称《规定》)。

该《规定》于2010年10月8日经第9次部务会议通过,自2011年1月1日起实施。《规定》共6章48条。各章分别是:总则,运输资质许可,专用车辆、设备管理,放射性物品运输,法律责任和附则。总体框架的主线是:在源头对放射性物品道路运输企业(单位)、人员和专用车辆进行资质管理,明确各市场主体的责任,规范运输作业行为,明确法律责任,从而保障放射性物品道路运输的安全。

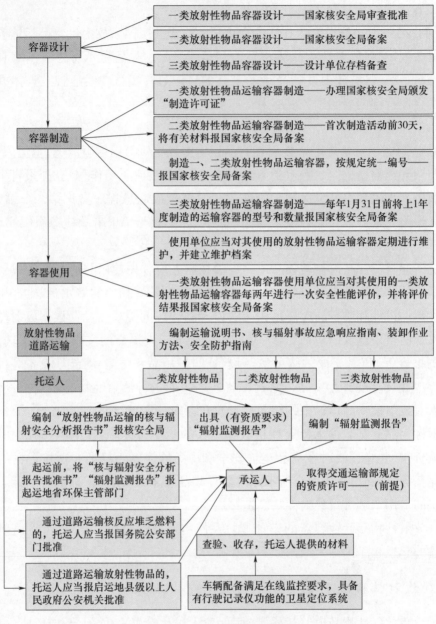

图 2-1-1　放射性物品起运程序

1. 起草说明

为贯彻落实《放射性物品运输安全管理条例》(国务院令第 562 号),进一步加强放射性物品道路运输安全管理,适应我国核能和核技术应用发展的需要,规范放射性物品道路运输行为,在深入调研和广泛征求意见的基础上,组织起草了《放射性物品道路运输管理规定》,大概的起草过程主要包括:

(1)制定《规定》的必要性。随着我国核能和核技术在工程、医疗、科研等领域的广

第一章　放射性物品道路运输法规和标准

泛应用,特别是我国大力发展核电政策的实施,放射性物品的运输规模和种类都呈快速上升的趋势。由于核电站乏燃料和放射性废物等高风险放射性物品的运输数量的大幅度增加,放射性物品运输的环境风险也随之增大。

为保证我国对放射性物品运输的有效监管和规范管理,2009年9月14日温家宝总理签署国务院第562号令,发布了《放射性物品运输安全管理条例》,并于2010年1月1日起正式实施。《条例》规定:"承运放射性物品应当取得国家规定的运输资质。承运人的资质管理,依照有关法律、行政法规和国务院交通运输、铁路、民航、邮政主管部门的规定执行","放射性物品非营业性道路危险货物运输资质的具体条件,由国务院交通运输主管部门会同国务院核安全监管部门制定","交通运输管理部门是全国放射性物品道路运输的行业主管部门,负责制定放射性物品道路运输许可和监管等管理工作的有关法规。"

放射性物品道路运输环节及运行环境复杂、潜在风险高、监管难度大,关系到人民群众生命财产安全和社会稳定。放射性物品道路运输涉及托运人、承运人、运输车辆、驾驶员、押运员及运行环境等多个要素,如何落实国务院条例要求,规范各自的职责,强化履行义务,确保放射性物品的运输安全,有必要针对放射性物品的特性制定《规定》。

同时,由于2005年交通部出台的《道路危险货物运输管理规定》(2005年交通部第9号令),是根据《危险化学品安全管理条例》(国务院令第344号)和《道路运输条例》(国务院令第406号)制定的,规定中虽有涉及放射性物品道路运输的内容,但其中对放射性物品运输安全管理的内容很不全面,尤其本次国务院发布的《放射性物品运输安全管理条例》,对非经营放射性物品道路运输许可增加特定的要求,故也有必要单独制定《规定》。

综上所述,依据专项的《放射性物品运输安全管理条例》,通过单独拟定《规定》,对解决许可条件、加强对承运人的监督管理,规范运输行为,保障放射性物品道路运输安全尤为必要。

(2)起草过程。2009年,交通运输部道路运输司在对部分地区放射性物品运输情况调研的基础上,针对放射性物品道路运输管理及宣传贯彻落实《放射性物品运输安全管理条例》等工作,于2009年12月26日,在河北省石家庄市召开了第一次座谈会,参加会议的有河北、江苏、广东、北京、四川等省市运输管理局的危险货物运输管理人员、放射性物品道路运输企业负责人,并特别邀请环境保护部核安全局负责人,就贯彻国务院《放射性物品运输安全管理条例》进行了专题讨论,会议形成了"贯彻实施意见",并向部领导作了汇报。

由于"贯彻实施意见"规格低,法律效力不强,在实际工作中不易操作等问题,道路运输司又在调研分析的基础上,于2010年4月初再次专门组织人员草拟了《规定》(讨论稿)。于2010年4月15日在北京组织安徽、广东、北京、江苏、四川等省市道路运输管理部门、放射性物品运输企业、研究院所的同志进行了专题讨论,会议结合国务院《放射性物品运输安全管理条例》和《道路运输条例》对讨论稿进行了严肃、认真的分析和讨论,在此基础上请有关专家和从事法制工作的同志进行修改,形成了《规定》(征求意见稿)。并于2010年4月27日以交通运输部厅文(厅运政〔2010〕1号)的形式下发了文件,向国家环境保护部、公安部、各省、自治区、直辖市交通运输厅和有关单位广泛征求意见。

各省和有关单位按要求在2010年5月25日前,将修改意见反馈到道路运输司。在将国家有关部委和各省反馈的意见收集整理后,又于2010年6月3日在北京组织对《规定》(征求意见稿)进行修改的座谈讨论。参加会议的包括有代表性意见的四川、辽宁、山东、河南等省道路运输管理机构,以及相关放射性物品道路运输企业和有关专家。结合各单位提出的修改意见,对《规定》(征求意见稿)逐条进行研究,并做了相应修改,形成了现在上报的《规定》(送审稿)。

2. 基本制订原则

(1)坚持安全生产第一的原则。放射性物品危害性极大,一旦发生事故将带来灾难性的后果和严重的社会影响。所以在制订《规定》时,始终将安全意识贯穿始终,将安全管理放在首位,无论是对运输经营业户的许可,还是从业人员的准入;无论是托运人的托运手续,还是承运人受理启运。都应始终坚持安全运输是基本要求,如果没有切实的安全保障,任何企业和单位均不得从事放射性物品道路运输。

(2)坚持依法管理的原则。在放射性物品道路运输中的托运和承运环节,涉及环保、公安、交通运输等相关部门。《规定》中的条款,始终坚持以法律为基础,对于法律有规定就设立、没有规定就不设立;有法律依据就做具体规定,没有法律依据则不做增加规定。不增加管理者的负担,但也不推诿管理部门的责任。

(3)坚持分工与协作相结合的原则。在起草《规定》的过程中,既强化了交通运输管理部门应当履行的职责,如许可管理、车辆管理、人员管理、托运人管理等,同时又强调了依靠其他部门,特别是公安和环境保护部门的作用,如从业人员的核知识培训、设备及货物辐射水平检测等,以利于在今后的放射性物品道路运输管理工作中形成合力,确保运输安全。

(4)坚持"分类管理"的原则。《放射性物品运输安全管理条例》强调了对放射性物品运输安全管理实行"分类管理"的原则。在《规定》制订的过程中,根据放射性物品的特性及其对人体健康和环境的潜在危害程度,通过分类管理、突出重点、区别对待,许可机关按类或品名进行许可,严把准入关,实现对放射性物品运输的科学、高效监管。如在《规定》中对一类放射性物品这种释放到环境后会对人体健康和环境产生重大辐射影响的放射性物品的许可,依据《放射性物品运输安全管理条例》增加了相关的许可条件。

第二篇 第一章 放射性物品道路运输法规和标准

3. 主要制订依据

本《规定》制订的依据主要有以下相关法律和规定:

(1)《中华人民共和国安全生产法》;

(2)《中华人民共和国劳动保护法》;

(3)《中华人民共和国环境保护法》;

(4)《中华人民共和国道路交通安全法》;

(5)《中华人民共和国道路运输条例》;

(6)《放射性物品运输安全管理条例》。

在起草本《规定》时,主要参照上述法律和法规,同时,还参照国务院有关部委和交通运输部的有关规定,比如:环境保护部制定的《放射性物品分类和名录》(试行)以及交通运输部制定的《道路危险货物运输管理规定》等有关规章等。

4. 强调说明的几个问题

(1)关于适用范围。

①《规定》第二条规定:"从事放射性物品道路运输活动的,应当遵守本规定。"放射性物品道路运输活动包括:从事放射性物品道路运输经营活动和为本单位服务的非经营性放射性物品道路运输活动两种。

②因放射性物品道路运输的特殊性,遵照国务院《放射性物品安全管理条例》的相关要求,强调了对非经营性放射性物品道路运输的管理,并在相关条款中提出了具体的要求。

③《规定》第三、四条对运输的放射性物品和放射性物品道路运输专用车辆专门作了定义。《规定》所称的放射性物品,是指"含有放射性核素,并且其活度和比活度均高于国家规定的豁免值的物品",并按照国务院《放射性物品安全管理条例》分类管理的要求分为三类。显然,对低于国家规定豁免值的放射性物品,不在《规定》范围之内。

④《规定》还明确其所称放射性物品道路运输专用车辆,是指满足特定技术条件和要求,用于放射性物品道路运输的载货汽车。所称放射性物品道路运输,是指使用专用车辆通过道路运输放射性物品的作业过程。

同时还明确:从事放射性物品道路运输应当保障安全,依法运输,诚实信用。

(2)关于行业管理主体的认定。

《规定》第六条明确指定:"国务院交通运输主管部门主管全国放射性物品道路运输管理工作。县级以上地方人民政府交通运输主管部门负责组织领导本行政区域放射性物品道路运输管理工作。县级以上道路运输管理机构负责具体实施本行政区域放射性物品道路运输管理工作。"

申请从事放射性物品道路运输经营的企业,应当向所在地设区的市级道路运输管理机构提出申请。申请从事非经营性放射性物品道路运输的单位,向所在地设区的市级道路运输管理机构提出申请。放射性物品道路运输企业或者单位终止放射性物品运输业务的,应当在终止之日 30 日前书面告知作出原许可决定的道路运输管理机构。

(3)关于行政许可的资质要求。

依据国务院《放射性物品安全管理条例》的规定,结合我国放射性物品道路运输的实际情况,对经营性和非经营性放射性物品道路运输的企业和单位分别给出了资质条件。

在经营性企业资质中对所拥有的车辆数,经过反复讨论,从严格要求和规范管理,以及规模化经营考虑,仍然要求具备 5 辆以上专用车辆,且配备必要的防护用品和依法经定期检定合格的监测仪器。

因全国各地有大量放射性药品的运输需求,而每次运输重量均有限,考虑到对运输车辆的界定以及实际现状,专门提出"核定载质量在 1t 以下的车辆为厢式或者封闭货车"的要求。

对于非经营性单位,由于长期具有核与辐射的运输和使用经验,除规定《放射性物品安全管理条例》中对其要求的条件以外,可以自有车辆数少于 5 辆。

(4)关于放射性物品运输。

由于放射性物品运输不同于一般危险货物,托运人一般都是从事放射性物品生产、销售、使用的单位,具有较丰富的核与辐射知识和经验,所以对其托运人的要求按照国务院《放射性物品安全管理条例》中的相关规定,将其相关条款引入本《规定》。且按照分类管理的思路,强调了对托运人的有关托运放射性物品责任和义务,并规定了承运人拒绝承运的相关条件。考虑到放射性物品运输车辆在不进行放射性物品运输时,就是一台普通车辆。为了提高车辆使用效率,《规定》对放射性货物运输车辆运输普通货物的条件作了规定。

由于运输一类放射性物品的复杂性和危险性,承运人在某些情况下可能难以应对出现的问题,要求"托运人对放射性物品运输中的核与辐射安全负责",以确保整个运输过程的安全。

5. 资格条件要求

(1)经营性放射性物品道路运输资质要求。

《规定》第七条规定,申请从事放射性物品道路运输经营的,应当具备:

①有符合要求的专用车辆。

a)车辆技术性能符合国家标准《道路运输车辆综合性能要求和检验方法》(GB 18565—2016)的要求,且技术等级达到行业标准《营运车辆技术等级划分和评定要求》(JT/T 198—2004)规定的一级技术等级。

b)车辆外廓尺寸、轴荷和质量符合国家标准《汽车、挂车及汽车列车外廓尺寸、轴荷及质量限值》(GB 1589—2016)的要求。

c)车辆燃料消耗量符合行业标准《营运货车燃料消耗量限值及测量方法》(JT 719—2008)的要求。

d) 车辆为企业自有,且数量为 5 辆以上。

e) 核定载质量在 1t 及以下的车辆为厢式或者封闭货车。

f) 车辆配备满足在线监控要求,且具有行驶记录仪功能的卫星定位系统。

②有符合要求的设备。

a) 配备有效的通信工具。

b) 配备必要的辐射防护用品和依法经定期检定合格的监测仪器。

③有符合要求的从业人员。

a) 专用车辆的驾驶人员取得相应机动车驾驶证,年龄不超过 60 周岁。

b) 从事放射性物品道路运输的驾驶人员、装卸管理人员、押运人员经所在地设区的市级人民政府交通运输主管部门考试合格,取得注明从业资格类别为"放射性物品道路运输"的道路运输从业资格证。

c) 有具备辐射防护与相关安全知识的安全管理人员。

④有健全的安全生产管理制度。

包括有关安全生产应急预案;从业人员、车辆、设备及停车场地安全管理制度;安全生产作业规程和辐射防护管理措施;安全生产监督检查和责任制度。

(2) 非经营性放射性物品道路运输资质要求。

《规定》第八条规定,生产、销售、使用或者处置放射性物品的单位,在符合下列条件时,可以使用自备专用车辆从事为本单位服务的非经营性放射性物品道路运输活动。

①持有关部门依法批准的生产、销售、使用、处置放射性物品的有效证明。

②有符合国家规定要求的放射性物品运输容器。

③有具备辐射防护与安全防护知识的专业技术人员。

④具备满足第七条规定条件的驾驶人员、专用车辆、设备和安全生产管理制度,但专用车辆的数量可以少于 5 辆。

国家鼓励技术力量雄厚、设备和运输条件好的生产、销售、使用或处置放射性物品的单位按照上述规定的条件申请从事非经营性放射性物品道路运输。

但需要注意的是,非经营性放射性物品道路运输单位不得从事放射性物品道路运输经营活动。

6. 托运人及承运人的责任

(1) 托运人责任。

在放射性物品道路运输的起运程序中,较详细地介绍了对放射性物品运输托运人的要求。这些内容是制定《放射性物品道路运输管理规定》中相关托运人责任的法律依据。

《放射性物品道路运输管理规定》在"第四章放射性物品道路运输"中细化了条例对托运人的责任。主要内容有:

①托运人应当制定核与辐射事故应急方案,在放射性物品运输中采取有效的辐射

防护和安全保卫措施,并对放射性物品运输中的核与辐射安全负责。

此条强调了托运人应对放射性物品运输中的核与辐射安全负责。也就是说,承运人主要责任是安全驾驶、监管货物。

②托运人应向承运人提交如下材料:

a) 运输说明书,包括放射性物品的品名、数量、物理化学形态、危害风险等内容。

b) 辐射监测报告,其中一类放射性物品的辐射监测报告由托运人委托有资质的辐射监测机构出具,二、三类放射性物品的辐射监测报告由托运人出具。

c) 核与辐射事故应急响应指南。

d) 装卸作业方法指南。

e) 安全防护指南。

③托运人应当到公安部门办理"准予道路运输放射性物品的审批文件"。若托运的是一类放射性物品,托运人还需办理国务院核安全主管部门关于"核与辐射安全分析报告书的审批文件"。

④托运人应当按照《放射性物质安全运输规程》(GB 11806—2004)等有关国家标准和规定,在放射性物品运输容器上设置警示标志。

⑤运输一类放射性物品的,承运人必要时可以要求托运人随车提供技术指导。

(2) 承运人责任。

①承运人应当取得相应的放射性物品道路运输资质,并对承运事项是否符合本企业或者单位放射性物品运输资质许可的运输范围负责。

②承运人应当查验、收存托运人提交的材料。托运人提交材料不齐全的,或者托运的物品经监测不符合国家放射性物品运输安全标准的,承运人不得与托运人订立放射性物品道路运输合同。

③一类放射性物品启运前,承运人应当向托运人查验国务院核安全主管部门关于核与辐射安全分析报告书的审批文件以及公安部门关于准予道路运输放射性物品的审批文件。二、三类放射性物品起运前,承运人应当向托运人查验公安部门关于准予道路运输放射性物品的审批文件。

④承运人应当在专用车辆上悬挂符合国家标准《道路危险货物运输车辆标志》(GB 13392—2005)要求的警示标志。

⑤承运人不得违反国家有关规定超载、超限运输放射性物品。

⑥在放射性物品道路运输过程中,除驾驶人员外,还应当在专用车辆上配备押运人员,确保放射性物品处于押运人员监管之下。运输一类放射性物品的,承运人必要时可以要求托运人随车提供技术指导。

⑦驾驶人员、装卸管理人员和押运人员上岗时应当随身携带道路运输从业资格证,专用车辆驾驶人员还应当随车携带《道路运输证》。

⑧放射性物品道路运输企业或者单位(承运人)应当聘用具有相应道路运输从业资格证的驾驶人员、装卸管理人员和押运人员,并定期对驾驶人员、装卸管理人员和押运人员进行运输安全生产和基本应急知识等方面的培训,确保驾驶人员、装卸管理人员和押运人员熟悉有关安全生产法规、标准以及相关操作规程等业务知识和技能。

⑨放射性物品道路运输企业或者单位(承运人)应当对驾驶人员、装卸管理人员和押运人员进行运输安全生产和基本应急知识等方面的考核,考核不合格的,不得从事相关工作。

⑩放射性物品道路运输企业或者单位(承运人)应当按照国家职业病防治的有关规定,对驾驶人员、装卸管理人员和押运人员进行个人剂量监测,建立个人剂量档案和职业健康监护档案。

⑪放射性物品道路运输企业或者单位(承运人)应当投保危险货物承运人责任险。

⑫放射性物品道路运输企业或者单位(承运人)不得转让、出租、出借放射性物品道路运输许可证件。

(3)托运人和承运人的共同责任。

放射性物品运输中发生核与辐射事故的,承运人、托运人应当按照核与辐射事故应急响应指南的要求,结合本企业安全生产应急预案的有关内容,做好事故应急工作,并立即报告事故发生地的县级以上人民政府环境保护主管部门。

7. 法律责任

(1)拒绝、阻碍道路运输管理机构依法履行放射性物品运输安全监督检查,或者在接受监督检查时弄虚作假的,由县级以上道路运输管理机构责令改正,处1万元以上2万元以下的罚款;构成违反治安管理行为的,交由公安机关依法给予治安管理处罚;构成犯罪的,依法追究刑事责任。

(2)未取得有关放射性物品道路运输资质许可,有下列情形之一的,由县级以上道路运输管理机构责令停止运输,有违法所得的,没收违法所得,处违法所得2倍以上10倍以下的罚款;没有违法所得或者违法所得不足2万元的,处3万元以上10万元以下的罚款,构成犯罪的,依法追究刑事责任。

①无资质许可擅自从事放射性物品道路运输的。

②使用失效、伪造、变造、被注销等无效放射性物品道路运输许可证件从事放射性物品道路运输的。

③超越资质许可事项,从事放射性物品道路运输的。

④非经营性放射性物品道路运输单位从事放射性物品道路运输经营的。

(3)放射性物品道路运输企业或者单位未按规定维护和检测专用车辆的,由县级以上道路运输管理机构责令改正,处1000元以上5000元以下的罚款。

(4)放射性物品道路运输企业或者单位擅自改装已取得《道路运输证》的专用车辆

的,由县级以上道路运输管理机构责令改正,处5000元以上2万元以下的罚款。

(5)未随车携带《道路运输证》的,由县级以上道路运输管理机构责令改正,对放射性物品道路运输企业或者单位处警告或者20元以上200元以下的罚款。

(6)放射性物品道路运输活动中,由不符合规定条件的人员(具体参见本节"二、《放射性物品道路运输管理规定》"的"5.资格条件要求"处)驾驶专用车辆的,由县级以上道路运输管理机构责令改正,处200元以上2000元以下的罚款;构成犯罪的,依法追究刑事责任。

(7)放射性物品道路运输企业或者单位有下列行为之一,由县级以上道路运输管理机构责令限期投保;拒不投保的,由原许可的设区的市级道路运输管理机构吊销《道路运输经营许可证》或者《放射性物品道路运输许可证》,或者在许可证件上注销相应的许可范围:

①未投保危险货物承运人责任险的。
②投保的危险货物承运人责任险已过期,未继续投保的。

(8)放射性物品道路运输企业或者单位非法转让、出租放射性物品道路运输许可证件的,由县级以上道路运输管理机构责令停止违法行为,收缴有关证件,处2000元以上1万元以下的罚款;有违法所得的,没收违法所得。

(9)放射性物品道路运输企业或者单位已不具备许可要求的有关安全条件,存在重大运输安全隐患的,由县级以上道路运输管理机构责令限期改正;在规定时间内不能按要求改正且情节严重的,由原许可机关吊销《道路运输经营许可证》或者《放射性物品道路运输许可证》,或者在许可证件上注销相应的许可范围。

(10)县级以上道路运输管理机构工作人员在实施道路运输监督检查过程中,发现放射性物品道路运输企业或者单位有违规情形,且按照《放射性物品运输安全管理条例》等有关法律法规的规定,应当由公安部门、核安全监管部门或者环境保护等部门处罚情形的,应当通报有关部门依法处理。

上述10条法律责任中,与《道路货物运输管理规定》、《危险货物运输管理规定》不同的有第2条、第9条和第10条。值得注意的是,《规定》不可能面面俱到地包含所有对违反其他法规、标准的违法行为进行处罚的条款。

当遇到其他问题时,可参考《放射性物品运输安全管理条例》第六十条第一款"托运人或者承运人在放射性物品运输活动中,有违反有关法律、行政法规关于危险货物运输管理规定行为的,由交通运输、铁路、民航等有关主管部门依法予以处罚"执行。

8. 介绍贯彻《规定》的通知

为了做好《放射性物品道路运输管理规定》的贯彻实施工作,明确、细化有关管理、许可工作,交通运输部于2010年12月13日下发了《关于做好〈放射性物品道路运输管理规定〉贯彻实施有关工作的通知》(厅函运〔2010〕208号)。

通知涉及的主要内容,一是做好《规定》宣贯培训工作;二是做好对已获得"放射性物品"道路运输许可企业的复查工作;三是做好放射性物品道路运输许可;四是做好放射性物品道路运输管理工作。

值得注意的是,为了规范许可工作,严格按照许可条件对放射性物品按种类或具体名称进行许可,同时也为了便于申请者办理申请手续,特在第三部分"做好放射性物品道路运输许可"中,制定了有关申请、许可表格和文书样本。

此外,为落实《放射性物品道路运输安全管理条例》,国家环境保护部制定了《放射性物品运输安全许可管理办法》(环境保护部令2010年第11号),还将拟订"国家利用卫星定位系统对运输过程实行在线监控"的管理办法;公安部将会同环境保护部,针对通过道路运输放射性物品以及通过道路运输核反应堆乏燃料的审批手续等问题,制定有关规定。

三、放射性物品运输说明书

由于放射性物品道路运输涉及的学科很专业,道路运输业的管理人员和从业人员对此了解很少。故《放射性物品运输安全管理条例》中强调了承运人要向托运人索取相关的运输文件。

《放射性物品运输安全管理条例》第二十九条规定:"托运放射性物品的,托运人应当持有生产、销售、使用或者处置放射性物品的有效证明,使用与所托运的放射性物品类别相适应的运输容器进行包装,配备必要的辐射监测设备、防护用品和防盗、防破坏设备,并编制运输说明书、核与辐射事故应急响应指南、装卸作业方法、安全防护指南。运输说明书应当包括放射性物品的品名、数量、物理化学形态、危害风险等内容。"第三十四条规定:"托运人应当向承运人提交运输说明书、辐射监测报告、核与辐射事故应急响应指南、装卸作业方法、安全防护指南,承运人应当查验、收存。托运人提交文件不齐全的,承运人不得承运。"

《放射性物品道路运输管理规定》第二十三条规定,承运人与托运人订立放射性物品道路运输合同前,应当查验、收存托运人提交的下列材料:

(1)运输说明书,包括放射性物品的品名、数量、物理化学形态、危害风险等内容。

(2)辐射监测报告,其中一类放射性物品的辐射监测报告由托运人委托有资质的辐射监测机构出具,二、三类放射性物品的辐射监测报告由托运人出具。

(3)核与辐射事故应急响应指南。

(4)装卸作业方法指南。

(5)安全防护指南。

托运人将本条第一款第(4)项、第(5)项要求的内容在运输说明书中一并作出说明的,可以不提交第(4)项、第(5)项要求的材料。

托运人提交材料不齐全的,或者托运的物品经监测不符合国家放射性物品运输安全标准的,承运人不得与托运人订立放射性物品道路运输合同。

由上述三个法律条款规定可以看出,首先,放射性物品的运输说明书是由托运人编制并提交给承运人的;其次,若托运人未提交运输说明书,承运人不得与该托运人订立放射性物品道路运输合同;再者,运输说明书的内容主要包括:放射性物品的品名、数量、物理化学形态、危害风险等内容。放射性物品道路运输的运输说明书包含的内容及样本如图2-1-2所示。

(放射性物品名称)运输说明书

1. 名称:
货物名称:
品名:
运输编号:
联合国及国际编号:
2. ****物理化性质:
3. 包装:
按 GB 11806—2004 说明
包装类型:
包装等级:
4. 货物数量:
5. 货物射线类型:
6. 辐射水平和外表面放射性污染:
(1)表面<( )mSv/h;货包外1m处:<( )mSv/h;
(2)外表面<( )mSv/h;货包外1m处:<( )mSv/h;
(3)外表面放射性污染:<( )Bq/cm^2。
7. 运输指数:
8. 注意事项:
9. 应急处理:
应急处理方法:
应急处理联系单位与联系人:
此产品经过辐射安全检查合格,符合 GB 11806—2004《放射性物质安全运输规程》中的相关规定等规定。

编制单位:
年 月 日

图2-1-2 放射性物品运输说明书样本

第二节　放射性物品道路运输技术标准

放射性物品的运输技术标准是放射性物品道路运输法规的重要组成部分。目前，我国有关放射性物品道路运输的技术标准主要包括《放射性物品的分类和名录》（试行）、《放射性物质安全运输规程》、《电离辐射防护与辐射源安全基本标准》等。下面简单介绍一下各标准的基本内容。

一、《放射性物品分类和名录》

2010年3月4日，国家环境保护部公告2010年第31号颁布了《放射性物品分类和名录》（试行），自2010年3月18日起开始施行。《放射性物品分类和名录》（试行）是由国务院核安全监管部门会同国务院公安、卫生、海关、交通运输、铁路、民航、核工业行业主管部门制定。为了便于用户使用，《放射性物品分类和名录》（试行）的具体内容可在环境保护部网站（www.mep.gov.cn）查询。

《放射性物品的分类和名录》按照国务院《放射性物品运输安全管理条例》中第三条的规定，根据放射性物品的特性及其对人体健康和环境的潜在危害程度划分的。具体可参见第一篇第二章第二节"《放射性物品分类和名录》"的相关内容。

《放射性物品分类和名录》是从事放射性物品道路运输的重要依据，根据其具体内容可以确定承运的物质、物品是否属于放射性物品。

放射性物品道路运输的从业人员可以从《放射性物品分类和名录》（试行）中获得各种有用信息，用以确保放射性物品道路运输的安全。

二、《放射性物质安全运输规程》

《放射性物质安全运输规程》（以下简称《规程》）由国家质量监督检验检疫总局、国家标准化管理委员会于2004年11月2日发布。该标准为强制性国家标准，是由全国核能标准化技术委员会提出并归口。自2005年8月1日起实施。

《规程》适用于放射性物质（包括伴随使用的放射性物质）的陆地、水上和空中任何运输方式的运输，且规定当运输的放射性物质具有附加风险及与其他危险货物一起装运时，还应遵守危险货物运输的有关规定。

其主要内容有：范围、规范性引用文件、术语和定义、一般原则、放射性活度限值和材料限值、运输要求和管理、对放射性物质以及对包装和货包的要求、实验程序、审批和管理要求以及附录（货包识别标记示例、多方批准识别标记示例、证书修订识别标记示例、各国的VRI代号）。

以下着重介绍一些与道路运输有关的内容：

1. 辐射防护

在《规程》第四部分"一般原则"中,提出了"为运输放射性物质应制定辐射防护大纲"的要求。该大纲拟采取的措施应与辐射照射的大小和受照可能联系起来。大纲内容应包括:

(1)在放射性物品运输中,防护与安全应该是最优化的,以使个人剂量的大小、受照射人以及引起照射的可能性,在考虑了经济和社会因素之后,应保持在合理可行尽量低的水平,而且人员所受剂量应该低于国家规定的相应的剂量限值。应从组织结构和系统上采取措施,并且应该把运输与其他活动之间的相互关系考虑在内。

这条内容实际就是我们前面所讲的辐射防护的三个基本原则,即辐射实践的正当化原则、辐射防护最优化原则以及个人剂量限值原则。

(2)工作人员应接受可能遭受的辐射危害以及拟采取的防护措施等方面有关知识的培训,以保证限制或避免他们和可能受其活动影响的其他人员所受到辐射照射。

(3)对运输活动所产生的职业照射用有效剂量评估。

①若1年中有效剂量预计不可能超过1mSv时,不必采取特殊的工作方式,也不必细致监测、制订剂量评定计划和保存个人记录。

②若1年中有效剂量预计可能处于1~6mSv之间时,应通过工作场所监测或个人监测制订剂量评定计划。

③1年中有效剂量预计可能超过6mSv时,应进行个人监测。

在进行个人监测或工作场所监测时,应保存相关的记录。

(4)应把放射性物质与工作人员和公众充分隔离。计算隔离距离或辐射水平时,应采取下述计量值:

①对经常处于作业区内的工作人员,年剂量为5mSv。

②对公众经常出入的区域内的公众成员,考虑预期受到的所有有关的其他受控制源或者实践的照射,对关键组的年剂量规定为1mSv。

(5)一旦在运输放射性物质期间发生事故或小事件,应遵守我国有关规定,采取必要的应急措施保护人员、财产和环境。

(6)应急程序应考虑在发生事故时,因托运货物的内容物与环境之间的反应而产生的其他危险物质。

此外,当辐射水平或者污染出现不符合《放射性物质安全运输规程》有关限值的情况时,按照下列方式处理:

①当不符合情况在运输中被确认时,承运人应将不符合情况通知托运人,或者当不符合情况在收货中被确认时,收货人应将不符合情况通知托运人。

②承运人、托运人或者收货人应当:

a)立即采取措施,减轻不符合情况产生的后果。

b) 调查不符合情况的原因、状况和后果。

c) 采取适当行动补救导致出现不符合情况的原因和状况,防止再次出现导致不符合情况的状况。

d) 将有关导致不符合情况的原因和已经采取的或者将要采取的纠正或者预防行动通知主管部门。

2. 放射性活度限值和材料限值

在《规程》第五部分"放射性活度限值和材料限值"中的"表1 放射性核素的基本限值"给出了"豁免物质的活度浓度值、一件豁免托运货物的放射性活度限值"。

由于此部分内容与《放射性物品分类和名录》(试行)第三部分"放射性物品运输免管"的内容基本相同。在此仅介绍《规程》中的有关名词。

A_1 是指《规程》表1中所列的或第五章中所导出的特殊形式放射性物质的放射性活度值,是为确定本标准的各项要求而规定的放射性活度限值。

A_2 是指《规程》表1中所列的或第五章中所导出的特殊形式放射性物质以外的放射性活度值,是为确定本标准的各项要求而规定的放射性活度限值。

理解 A_1、A_2 要结合已在基础篇介绍过的放射性活度的定义理解。同时,为了更好地理解 A_1、A_2 的定义,在此介绍一下旧版的《放射性物质安全运输规程》(GB 11806—2004)有关内容,A_1 是指 A 型货包中容许装入的特殊形式放射性物质的最大活度。A_2 是指 A 型货包中容许装入的除特殊形式放射性物质以外的即其他形式放射性物质的最大活度。

三、《电离辐射防护与辐射源安全基本标准》

《电离辐射防护与辐射源安全基本标准》由国家质量监督检验检疫总局、国家标准化管理委员会于2002年10月8日发布。该标准为强制性国家标准,是由卫生部、国家环境保护总局和中国核工业总公司联合提出,自2003年4月1日起实施。

本标准是根据六个国际组织(即:联合国粮农组织、国际原子能机构、国际劳工组织、经济合作与发展组织核能机构、泛美卫生组织和世界卫生组织)批准并联合发布的《国际电离辐射防护和辐射源安全基本安全标准》(国际原子能机构安全丛书115号,1996年版)对我国现行辐射防护基本标准进行修订的,其技术内容与上述国际组织标准等效。

依据上述国际组织标准对我国现行辐射防护基本标准进行修订时,还充分考虑了我国十余年来实施现行辐射防护基本标准的经验和我国当前实际情况,保留了现行标准中实践证明适合我国国情又与国际组织标准相一致的那些技术内容。

本标准规定了对电离辐射防护和辐射源安全(以下简称防护与安全)的基本要求。适用范围为:实践和干预中人员所受电离辐射照射的防护和实践中源的安全;不适用于非电离辐射(如微波、紫外线、可见光及红外辐射等)对人员可能造成的危害的防护。

第二章 放射性物品道路运输及核与辐射事故应急

在整个放射性物品道路运输、装卸过程中，尽管采取了如第一篇第三章所述的放射性物品运输容器，也实施了第一篇第四章所述的辐射防护措施及个人辐射防护用品，以确保其运输安全，使其不会对从业人员以及周围广大公众造成不适当的放射危害。但放射性物品道路运输、装卸过程环境相对复杂，即便自身做好充足的安全防备，并确保安全驾驶或遵章装卸外，还有可能因为路上其他车辆发生交通事故而引发放射性物品道路运输事故，或者装卸意外事故发生，进而出现放射性物品运输容器泄漏而释放出数量不可接受的放射性物品或者产生不可接受的照射事故的可能性。

在核与辐射事故不可避免发生的情况下，如何按照科学、有效的核与辐射事故预案及应急响应指南启动应急救援工作，成为消除、减少或控制核与辐射事故对人体（包括工作人员和公众）的放射性危害的关键所在。

第一节 核与辐射事故应急响应指南的基本内容

一、核与辐射事故的基本概念

1. 核安全事件

核事故具有发生突然、持续时间长、扩散迅速、涉及面广等特点。

国际原子能机构将核事件分为7级，其中1级至3级为事件；4级至7级为事故。

第1级别核事件标准：这一级别对外部没有任何影响，仅为内部操作违反安全准则。2010年11月16日在大亚湾核电站发生的事件属于这一级别。

第2级核事件标准：这一级别对外部没有影响，但是内部可能有核物质污染扩散，或者直接过量辐射了员工或者操作严重违反安全准则。

第3级核事件标准：很小的内部事件，外部放射剂量在允许的范围之内，或者严重的内部核污染影响至少1个工作人员。

这一级别事件包括1989年西班牙Vandellos核事件，当时核电站发生大火造成控制失灵，但最终反应堆被成功控制并停机。

第4级核事件标准：非常有限但明显高于正常标准的核物质被散发到工厂外或者反应堆严重受损或者工厂内部人员遭到严重辐射。

第5级核事件标准：有限的核污染泄漏到工厂外，需要采取一定措施来挽救损失。

安全壳内有大量放射性物质泄漏，并有大概率会于公开场合泄漏极少量放射性材料，对居民健康和生态环境可能产生影响，可能需要部分保护对抗措施。

目前共计有4起核事故被评为此级别，其中以1979年美国三里岛核事故最为典型。这起事件是由于设计和操作的双重原因导致的，其结果是冷却剂失效，部分炉芯熔毁。受到污染的一些放射性气体排入大气。这起事故是核能史上第一起反应堆芯熔化事故，但造成的严重后果主要是在经济上，直接经济损失达10亿美元，而在公共安全及健康上则没有什么不良后果，究其原因在于安全壳发挥了重要作用，凸现了其作为核电站最后一道安全防线的重要作用。其余三起分别发生在加拿大、英国和巴西。

第6级核事件标准：一部分核污染泄漏到工厂外，对居民健康和生态环境产生影响，需要保护对抗措施。

历史上被定为第6级事故的只有一次，即克什特姆事故（Kyshtym disaster），发生于苏联的Mayak（叶卡捷琳堡东南约150km处），时间为1957年9月29日。当地的一个军事核废料再处理设施中的冷却系统故障，导致蒸气爆炸，造成大量高放射物质泄漏。因为军事设施的缘故，具体的数据和事故影响并未公开。

第7级核事件标准：大量核污染泄漏到工厂以外，造成巨大健康和环境产生影响。

1986年4月26日发生在苏联乌克兰的"切尔诺贝利核事故"被认为是历史上最严重的核电厂事故，也是国际核事件分级表中第一个被评为第7级核事件的事故。事故是因核电站的第4号核反应堆在进行半烘烤实验中突然失火引起爆炸而导致的。爆炸使机组完全损坏，8t多强辐射物质泄漏，尘埃随风飘散，致使俄罗斯、白俄罗斯和乌克兰许多地区遭到核辐射的污染。该起事故的辐射量相当于500颗美国投在日本的原子弹，发生爆炸的四号反应堆，如图2-2-1所示。

图2-2-1　发生爆炸的四号反应堆及覆盖在上面的"石棺"（2006年）

根据2005年国际原子能总署和世界卫生组织出具的"切尔诺贝利事件报告",共有56人的死亡被归咎于此事件(47名救灾人员,9名罹患甲状腺癌的儿童)。长期方面的健康破坏更大,并估算在高度辐射线物质下暴露的大约60万人中,将有4,000人死于癌症。绿色和平组织所估计的总伤亡人数是9.3万人,但引用在一份最新出炉的报告中的数据指出发生在白俄罗斯、俄罗斯及乌克兰单独事件在1990~2004年间可能已经造成20万起额外的死亡。

另外,受2011年3月11日发生的里氏9.0级的"东日本大地震"及海啸影响,致使福岛第一核电站损毁极其严重,大量放射性物质泄漏到外部。2011年4月12日,日本原子能安全保安院根据国际核事件分级表将福岛核事故定为最高级7级。这使日本核泄漏事故等级与苏联切尔诺贝利核电站核泄漏事故等级相同。不过,福岛第一核电站释放的放射性物质要比切尔诺贝利核电站少。

2. 辐射事故

辐射事故,是指放射源丢失、被盗、失控,或者放射性同位素和射线装置失控导致人员受到意外的异常照射。

根据辐射事故的性质、严重程度、可控性和影响范围等因素,从重到轻将辐射事故分为特别重大辐射事故、重大辐射事故、较大辐射事故和一般辐射事故四个等级。

(1)特别重大辐射事故,是指Ⅰ类、Ⅱ类放射源丢失、被盗、失控造成大范围严重辐射污染后果,或者放射性同位素和射线装置失控导致3人以上(含3人)急性死亡。

(2)重大辐射事故,是指Ⅰ类、Ⅱ类放射源丢失、被盗、失控,或者放射性同位素和射线装置失控导致2人以下(含2人)急性死亡或者10人以上(含10人)急性重度放射病、局部器官残疾。

(3)较大辐射事故,是指Ⅲ类放射源丢失、被盗、失控,或者放射性同位素和射线装置失控导致9人以下(含9人)急性重度放射病、局部器官残疾。

(4)一般辐射事故,是指Ⅳ类、Ⅴ类放射源丢失、被盗、失控,或者放射性同位素和射线装置失控导致人员受到超过年剂量限值的照射。

二、核与辐射事故应急响应指南的法律要求

考虑到托运人一般是放射性物品的生产、销售、使用或者处置单位,其对所托运的放射性物品所具有的各种危险特性,以及发生事故后的应急措施非常熟悉,为此,《放射性物品运输安全管理条例》(以下简称《条例》)第二十九条明确提出:"托运放射性物品的,托运人应当持有生产、销售、使用或者处置放射性物品的有效证明,使用与所托运的放射性物品类别相适应的运输容器进行包装,配备必要的辐射监测设备、防护用品和防盗、防破坏设备,并编制运输说明书、核与辐射事故应急响应指南、装卸作业方法、安全防护指南。"此外,《条例》第五十九条还规定:"托运人未按照规定编制放射性物品运输说

明书、核与辐射事故应急响应指南、装卸作业方法、安全防护指南的,则由国务院核安全监管部门责令限期改正;逾期不改正的,处1万元以上5万元以下的罚款。"第三十四条规定:"托运人应当向承运人提交运输说明书、辐射监测报告、核与辐射事故应急响应指南、装卸作业方法、安全防护指南,承运人应当查验、收存。托运人提交文件不齐全的,承运人不得承运。"

这从法律的角度明确了放射性物品托运人具有出具《核与辐射事故应急响应指南》的义务,若不出具则会受到相应的罚款;而承运人则根据法律要求必须对托运人出具的包括《核与辐射事故应急响应指南》在内的文件进行查验和收存,若托运人不提交则有权拒绝承运。

这里所说的"应急响应"实际上是针对一旦出现核与辐射事故或紧急情况所作出的识别和控制事故、保护人员和环境安全的一系列行动。具体包括的内容可参见本章第三节"《核与辐射事故应急响应指南》应用"的相关内容。

第二节　核与辐射事故应急组织实施

一、放射性物品运输应急预案概述

加强放射性物质道路运输应急工作,制定健全、有效的运输应急预案是及时有效地控制辐射事故,减轻辐射事故后果的有效措施。

1. 法律要求

由于放射性物品运输事故的应急救援涉及运输企业,以及环境保护、卫生、安监等多个相关部门,为了规范和协调各个部分的应急救援责任,国家对放射性物品运输的相关应急部门及企业本身制定事故应急预案实行强制要求。

(1)对人民政府的要求。《条例》第四十二条规定:"县级以上人民政府组织编制的突发环境事件应急预案,应当包括放射性物品运输中可能发生的核与辐射事故应急响应的内容。"

(2)对安监部门的要求。《危险化学品安全管理条例》第六十九条规定:"县级以上地方人民政府安全生产监督管理部门应当会同工业和信息化、环境保护、公安、卫生、交通运输、铁路、质量监督检验检疫等部门,根据本地区实际情况,制定危险化学品事故应急预案,报本级人民政府批准。"这里的危险化学品包括放射性物品。

(3)对环境保护部门的要求。《放射性同位素与射线装置安全和防护管理办法》(环境保护部令2011年第18号)第四十三条规定:"县级以上人民政府环境保护主管部门应当会同同级公安、卫生、财政等部门编制辐射事故应急预案,报本级人民政府批准。"

(4)对企业的要求。《中华人民共和国安全生产法》第十七条第五项规定:"生产经营单位的主要负责人对本单位安全生产工作负有'组织制定并实施本单位的生产安全事故应急救援预案'的职责。"《危险化学品安全管理条例》的第七十条规定:"危险化学品单位应当制定本单位事故应急救援预案,配备应急救援人员和必要的应急救援器材、设备,并定期组织演练。危险化学品单位应当将其危险化学品事故应急预案报所在地设区的市级人民政府安全生产监督管理部门备案。"此外,《放射性物品道路运输管理规定》第二十条规定:"道路运输放射性物品的托运人应当制定核与辐射事故应急方案,在放射性物品运输中采取有效的辐射防护和安全保卫措施,并对放射性物品运输中的核与辐射安全负责。"

2. 基本组成

应急预案,又名"事故预防和应急处理预案"或"事故应急处理预案"。最早是化工生产企业为预防、预测和应急处理"关键生产装置事故"、"重点生产部位事故"、"化学泄漏事故"而预先制订的应急预案。目前,应急预案已从化工行业扩展到其他各行业,从针对化学事故的对策发展到多灾种预防和救援。

放射性物品道路运输事故应急救援预案是根据放射性物品运输事故的不同情况(放射性物品类别、数量、事故性质、地点、气象等)预先制订补救、处理的针对方法、手段,组织、培训抢险队伍和配备救助器材等一整套实施方案。一旦发生放射性物品运输事故,各部门可以根据"应急预案"载明的措施,立即就位,有针对性地开展救援,赢得时间,获得主动,可以将事故危害和损失降低到最低。否则一旦发生事故,必然造成组织混乱、指挥失灵、运作效率低下、丧失宝贵的救援时间等不必要的损失。

(1)基本原则和指导思想。在制订放射性物品运输事故应急预案时应遵循以下基本原则和指导思想:

①制订事故应急预案的原则是"以防为主,防救结合"。

②制订事故应急预案的基本指导思想是:

a)对事故的自然结果预先作出估计,采取有效的干预措施。

b)必须简单而迅速地测定出干预效果,这样就可作出最好的选择(包括不采取行动),也就是说,预案应能揭示出采取反应行动后所引起的效果。

③所有与被选择的反应行动有关的措施必须是事先计划好的,并与当时情况相适应。

④单位的生产指挥中心应在数分钟内就把所有这些资料准备好,确保从得到事故第一个信息到开始采取行动之间间隔的时间尽可能短。

(2)制订应急预案的基本要求。制订应急预案时,应具体描述意外事故和紧急情况发生时所采取的措施,具体要求是:

①提供充分而详细的资料。

②确定应急期间负责人及所有人员在应急期间的职责、权限和义务。

③提供广泛的产品范围。
④与外部应急机构的联系。
⑤与地方政府及环境保护主管部门、公安部门、卫生部门等的交流。
⑥便于缺乏专业理化知识的人员执行。
⑦提供所需的现成资料,以免过多浪费时间。
(3)应急预案应具备的基本内容:
①有效的应急组织机构及职责分工。
②应急人员的组织、培训以及应急和救助的装备、资金、物资准备。
③明晰、通畅的通信联系系统。
④辐射事故分级与应急响应措施。
⑤辐射事故调查、报告和处理程序。
⑥辐射监测的流程及方法。
⑦专家技术支持系统。
⑧必要的放射源或放射性污染物处理方案和对策。
⑨应急救援队伍组织及演练。
⑩预防事故的措施。

二、核与辐射事故应急组织实施

针对放射性物品运输应急预案和事故处理,《放射性物品运输安全管理条例》第四十三条规定:

放射性物品运输中发生核与辐射事故的,承运人、托运人应当按照核与辐射事故应急响应指南的要求,做好事故应急工作,并立即报告事故发生地的县级以上人民政府环境保护主管部门。

接到报告的环境保护主管部门应当立即派人赶赴现场,进行现场调查,采取有效措施控制事故影响,并及时向本级人民政府报告,通报同级公安、卫生、交通运输等有关主管部门。

接到报告的县级以上人民政府及其有关主管部门应当按照应急预案做好应急工作,并按照国家突发事件分级报告的规定及时上报核与辐射事故信息。

核反应堆乏燃料运输的核事故应急准备与响应,还应当遵守国家核应急的有关规定。

根据上述条款可知,在发生放射性物品道路运输事故时,托运人也负有做好事故应急工作,以及向相关部门上报的责任。考虑到放射性物品道路运输的托运人通常是放射性物品的制造、销售、使用单位,所以其事故应急及上报还应遵循《放射性同位素与射线装置安全和防护条例》(以下简称《防护条例》)的相关要求,具体如下:

(1) 根据《防护条例》第四十二条要求,发生辐射事故时,生产、销售、使用放射性同位素和射线装置的单位应当立即启动本单位的应急方案,采取应急措施,并立即向当地环境保护主管部门、公安部门、卫生主管部门报告。

环境保护主管部门、公安部门、卫生主管部门接到辐射事故报告后,应当立即派人赶赴现场,进行现场调查,采取有效措施,控制并消除事故影响,同时将辐射事故信息报告本级人民政府和上级人民政府环境保护主管部门、公安部门、卫生主管部门。

县级以上地方人民政府及其有关部门接到辐射事故报告后,应当按照事故分级报告的规定及时将辐射事故信息报告上级人民政府及其有关部门。发生特别重大辐射事故和重大辐射事故后,事故发生地省、自治区、直辖市人民政府和国务院有关部门应当在4h内报告国务院;特殊情况下,事故发生地人民政府及其有关部门可以直接向国务院报告,并同时报告上级人民政府及其有关部门。禁止缓报、瞒报、谎报或者漏报辐射事故。

(2) 根据《防护条例》第四十三条规定,在发生辐射事故或者有证据证明辐射事故可能发生时,县级以上人民政府环境保护主管部门有权采取下列临时控制措施,包括:责令停止导致或者可能导致辐射事故的作业;组织控制事故现场。

根据《防护条例》第四十四条规定,在辐射事故中,县级以上人民政府环境保护主管部门、公安部门、卫生主管部门,应按照职责分工做好相应的辐射事故应急工作:

①环境保护主管部门负责辐射事故的应急响应、调查处理和定性定级工作,协助公安部门监控追缴丢失、被盗的放射源。

②公安部门负责丢失、被盗放射源的立案侦查和追缴。

③卫生主管部门负责辐射事故的医疗应急。

环境保护主管部门、公安部门、卫生主管部门应当及时相互通报辐射事故应急响应、调查处理、定性定级、立案侦查和医疗应急情况。国务院指定的部门根据环境保护主管部门确定的辐射事故的性质和级别,负责有关国际信息通报工作。

国务院核安全监管部门和省、自治区、直辖市人民政府环境保护主管部门或者其他依法履行放射性物品运输安全监督管理职责的部门有下列行为之一的,对直接负责的主管人员和其他直接责任人员依法给予处分;直接负责的主管人员和其他直接责任人员构成犯罪的,依法追究刑事责任:

①未依照本条例规定作出行政许可或者办理批准文件的。

②发现违反本条例规定的行为不予查处,或者接到举报不依法处理的。

③未依法履行放射性物品运输核与辐射事故应急职责的。

④对放射性物品运输活动实施监测收取监测费用的。

⑤其他不依法履行监督管理职责的行为。

(3) 还需强调的几个问题如下:

第二章 放射性物品道路运输及核与辐射事故应急

①县级以上人民政府组织编制突发环境事件应急预案。包括放射性物品运输中可能发生的核与辐射事故应急响应内容的"突发环境事件应急预案",由县级以上人民政府组织编制。而《危险化学品安全管理条例》要求县级以上地方人民政府安全生产监督管理部门应当会同工业和信息化、环境保护、公安、卫生、交通运输、铁路、质量监督检验检疫等部门,根据本地区实际情况,制订危险化学品事故应急预案,报本级人民政府批准。同时还要求危险化学品单位应当制订本单位危险化学品事故应急预案,配备应急救援人员和必要的应急救援器材、设备,并定期组织应急救援演练。并将其危险化学品事故应急预案报所在地设区的市级人民政府安全生产监督管理部门备案。

②事故报告事故发生地的县级以上人民政府环境保护主管部门。放射性物品运输中发生核与辐射事故时,承运人、托运人应当按照核与辐射事故应急响应指南的要求,做好事故应急工作,并立即报告事故发生地的县级以上人民政府环境保护主管部门。而《危险化学品安全管理条例》要求道路运输过程中发生危险化学品事故的,驾驶人员或者押运人员立即按照本单位危险化学品应急预案组织救援,并向当地安全生产监督管理部门和环境保护、公安、卫生主管部门报告。同时,还应当向事故发生地交通运输主管部门报告。

三、辐射事故应急措施

1. 天然放射性物质运输中的应急防护措施

天然放射性物质,主要指放射性矿物质,它们是"低比放射性物质"的一种。

我国有丰富的稀土资源。有些稀土矿的放射性比活度可达到 70kBq/kg 以上。此类货物运输中主要表现为包装有时破损,矿粉(砂)撒漏,造成车辆和货位污染。应急方法如下:

(1) 剂量率较小的放射性物品外层辅助包装损坏时,应及时修复,不能修复的,应调换相同的外包装。调换后外包装的运输指数不得大于原来的运输指数,也不得按新包装修改相应的运输证件和运输标志。

(2) 放射性矿石、矿砂撒漏时,应将撒漏物收集,并调换包装。

(3) 若某一货包明显损坏,或者怀疑该货包可能已损坏,则应禁止接近该货包,并且应尽快地由有资格人员评定该货包的污染程度和由此造成的辐射水平。评定的范围应包括该货包、运输工具及邻近装载和卸载的区域,如有必要,还应包括该运输工具曾运载过的所有其他物质。必要时,应根据有关主管部门制定的规定,采取一些保护人员、财产和环境的附加措施,以消除或尽量减轻这种泄漏或损坏造成的后果。

(4) 若Ⅱ、Ⅲ级货包的内容器受到破坏,放射性物质扩散外面,或者外层包装受到严重破坏时,运输人员不得擅自处理,应立即向环境保护和公安部门或卫生监督机构报告事故,并在事故地点划出适当的安全区,设置警戒线,悬挂警告标志牌。在划定安全区的同时,要用适当的材料进行屏蔽。对于粉末状物品,应快速地将货物覆盖,以防粉尘飞扬扩大污染区域。铁板、铝板、铅板、有色玻璃、混凝土、岩石、土壤、砖、石蜡等都可作为屏蔽材料。

(5)若表面放射性物质超过容许限值,即对于β、γ放射性物质以及低毒性α放射性物质>4Bq/cm^2,或对所有其他α放射性物质>0.4Bq/cm^2,应继续去污直至符合标准。在去污过程中应防止放射性污染的转移扩散,洗刷的污水要有序排放,洗刷过程产生的废弃物应收集后专门进行处理。

2. 运输人工放射性物质中的应急防护措施

这类物品是原子能工业产品,称为"放射性同位素"。其放射源都是用人工方法生产出来的,与天然放射性矿物最显著的不同是此类放射性物质一般都具有很高的放射性比活度。例如经常运输的碘-131,它以碘化钠的形式供用户使用。这种碘化钠溶液(装在密封的玻璃瓶中)的放射性比活度达185×10^7kBq/kg。而磷-32,如磷酸钠,它的放射性比活度为5.7×10^7kBq/kg。因此,这类货物运输中一旦发生事故可能导致较大危害。放射性同位素运输中一旦发生事故应立即按相关程序向相关部门报告,并立即封锁现场防止事故扩散。

(1)粉末状放射性内容物外逸的应急措施如下:

①立即用浸透清水(以不流出水为好)的纱布或吸水纸将外逸出的粉末覆盖起来,防止粉状物飞扬。

②用镊子将蘸有放射性物质的纱布等覆盖物揭下来,放入塑料袋内。

③用脱脂棉沾水(让其湿透,但不流出水),将残留在事故现场处污染物体上的粉末由外向里蘸取干净。

④用湿润的脱脂棉在被污染表面反复擦拭,并用放射性表面污染监测仪进行监测,以决定是否进一步采取去污措施。

⑤若被污染表面是质地疏松的物质(如泥土等)不宜采取擦拭方法或擦拭不下时,可以将其表面层除掉,直至符合放射卫生标准为止。

⑥如果装粉末状物质的玻璃瓶没有完全破损,且其中有残留放射性粉末,应首先将那个容器转移至安全处(最好是铅罐中),然后再按上述步骤处理。

⑦上述过程中,一切沾有放射性物质的废物都必须妥善地装在塑料袋中,按放射性废物处理规定处理。

(2)液状放射性内容物外溢的应急措施。放射性同位素中,有一部分货包的内容物是液态的,由于运输事故导致放射性液体外流,如能及时处理可以大大缩小污染区域,应急措施如下:

①若某一货包明显发生泄漏,或者怀疑该货包可能已发生泄漏,则应禁止接近该货包,并且应尽快地由有资格人员评定该货包的污染程度和由此造成的辐射水平。评定

的范围应包括该货包、运输工具及邻近装载和卸载的区域,如有必要,还应包括该运输工具曾运载过的所有其他物质。必要时,应根据有关主管部门制定的规定,采取一些保护人员、财产和环境的附加措施,以消除或尽量减轻这种泄漏或损坏造成的后果。

②若内容器未完全破损,且其中尚有残留液体,应首先将容器扶正并转至安全处。

③若容器已破坏,液体外流,应马上用纱布、脱脂棉或吸水纸将液体蘸取干净,并将吸有放射性液体的各种东西装入塑料袋。

④用脱脂棉或纱布等在被污染表面反复擦拭,并用表面污染监测仪鉴别以决定是否进一步采取去污措施。

⑤如果擦拭不下,可将被污染表面一层层铲下,直至表面污染水平达到有关规定要求。

⑥若被放射性液体污染的表面质地疏松(如泥土等),应将其表面层除掉,直至符合放射卫生标准为止。

⑦该处理过程中一切沾有放射性的废弃物均应妥善收集处理。

上面介绍的应急措施中,操作人员的受照剂量应严格控制。应该特别指出的是,当放射性内容物外逸时,通常其周围(即事故地点)辐射水平会急剧增高,为保证事故应急人员的受照量尽量少,在有关人员进入现场前,应对事故地点用仪器监测,并按事故处理中关于剂量限值的规定执行:即事故处理人员一次全身接受的有效剂量当量不得大于100mSv,以控制有关人员在事故地点的工作时间。

(3)表面放射性清除和放射性物质的撒漏处理如下:

①在运输、保管过程中,由于发生事故或包装表面放射性污染的扩散,因而引起对人体、作业工具、工作服、车辆和货舱的污染,及时清除这些污染,是内外照射防护的共同要求。

②所谓的清除放射性污染,并不能消灭放射性,而是将污染的放射性物质转移到安全场所,以便于辐射防护。因此,在除污过程中,首先要防止污染面扩大。除污染中所产生的废液、废物也有放射性,要按照放射性废物处理办法妥善处置,不能随意排放、倾倒。

③清除污染要及时。实践证明,清除越及时,除污效果越好,污染面扩散的机会也越小。对于高放射水平的污染,清除后应作辐射测定,检查是否达到安全水平。

④由于放射性物质的理化性质不同,被污染物体的表面性质不同,所以放射性物质与被污染物体表面的结合方式不同,随之应采用的除污染剂和除污染方法也不同。大致有以下一些方法:

a)金属性的车辆、货舱和作业工具:一般用肥皂水或洗涤剂浸泡刷洗,再用清水冲净。也可用9%~18%的盐酸或3%~6%的硫酸溶液浸泡刷洗后,再用清水冲净。

b)橡胶制品:用肥皂水或稀硝酸溶液浸泡后再用清水冲洗干净。

c)布质用品:一般可用肥皂水洗涤后,再用清水洗净。如污染严重,可用0.02M盐酸、1%草酸和1%六偏磷酸钠的混合溶液浸泡,然后再清洗。如污染严重而放射性核素半衰期又较长的,宜作废物处理。

d)正常皮肤及黏膜去污:首先应在辐射仪检查下确定污染范围及程度,先保护好未被污染的皮肤,然后用温肥皂水轻拭污染区,继而再用温清水洗涤,这样可去除绝大部分污染。如还未达到要求,可用6.5%高锰酸钾溶液进行清洗,或者采用下列方法进行清洗。最后用辐射仪监测,直至达到要求。

常用的皮肤去污剂有:

①10% EDTA 溶液:取 10g Na_4-EDTA(乙二胺四乙酸四钠盐,络合物),溶于100mL 蒸馏水中。

②6.5%高锰酸钾溶液:取6.5g 高锰酸钾溶于100mL 蒸馏水中。

③4.5%亚硫氢酸钠溶液:取4.5g 亚硫氢酸钠溶于100mL 蒸馏水中。

④复合络合剂:5g Na_4-EDTA、5g 十二烷基磺酸钠、35g 无水碳酸钠、5g 淀粉和1000mL 蒸馏水混合。

⑤7.5% DTPA 溶液:取7.5gDTPA(二乙撑三胺五乙酸,络合物)溶于100mL 蒸馏水中。

⑥5%次氯酸钠溶液。

去污方法:

通常亦采用 EDTA 肥皂去污。将此肥皂涂在污染处,稍洒点水,让其很好地起泡沫后,再用柔软的刷子刷洗(对指甲缝、皮肤皱折处尤要仔细刷洗),然后用大量清水(温水更好)冲洗。这样反复2~3次,每次2~3min。最后用干净毛巾擦干或自然晾干,用辐射检测仪器检查去净与否。

如用上述方法不能去净时,可先试用 Na_4-EDTA 溶液(10%),用软毛刷或棉签蘸 EDTA 溶液刷洗污染处2~3min,然后用清水冲洗。也可以将高锰酸钾粉末倒在用水浸湿过的污染皮肤上,或将手直接浸泡在高锰酸钾溶液中,用软毛刷刷洗2min,然后用清水冲洗,擦干后再用4.5%亚硫氢酸钠脱去皮肤表面颜色,最后用肥皂和水重新洗涮。这种去污方法,最多只能重复2~3次,否则会损伤皮肤。

在没有较有效的去污剂时,也可用普通肥皂,这时清洗的次数可适当多一些。有时,在普通方法洗涤后用橡皮膏或火棉胶粘贴也有很好的去污效果。一般在污染处贴揭4~5次能将极大部分污染去除掉。去污完后,应在刷洗过的皮肤上涂以羊毛脂或其他类似油脂,以保护皮肤,预防龟裂。

头发污染时,可用洗发香波,或3%柠檬酸水溶液,或 EDTA 溶液洗头。必要时剃去头发。眼睛污染时,可用洗涤水冲洗。

第二章 放射性物品道路运输及核与辐射事故应急

> 被碘-131 和碘-125 污染时,可先用 5% 硫代硫酸钠或 5% 亚硫酸钠洗涤,再以 10% 碘化钾或碘化钠作为载体帮助去污。被磷-31 污染时,先用 5%~10% 磷酸氢钠溶液洗涤,再以 5% 柠檬酸洗涤。

e) 病态或破损皮肤及黏膜被污染后,要立即送医院。

(4) 放射性物品灭火方法。放射性物品除了具有放射性外,可能还具有易燃易爆、腐蚀等特性,也有可能因为操作失误等原因导致火灾事故的发生。火灾一般是由着火源、可燃物、助燃物这三大要素所引起。扑救这类物品火灾必须采取特殊的能防护射线照射的措施,一般可采取以下基本对策:

① 派专业人员携带放射性监测仪器,测试辐射剂量和范围。监测人员要做好防护措施。同时,划分出警戒区,设置文字说明的警告标志牌。

② 根据辐射剂量监测结果采取相应措施。辐射剂量较大的区域,灭火人员不能深入辐射源纵深灭火。对辐射剂量较小的区域,可快速用雾状水灭火或用泡沫、二氧化碳、干粉、卤代烷扑救,注意不要使水的流散面积过大而造成大面积污染。消防人员须穿戴防护用具,并站在上风处。

③ 遇有燃烧、爆炸或可能危及放射性物品货包的事件时,应迅速将货包移至安全位置,并设专人看管。

④ 对火灾现场包装没有被破坏的放射性物品,可在水枪的掩护下佩戴防护装备,设法疏散。无法疏散时,应就地冷却保护,防止造成新的破损,增加辐射剂量。

⑤ 对已破损的容器切忌搬动或用水流冲击,以防止放射性沾染范围扩大。

第三节 《核与辐射事故应急响应指南》应用

《核与辐射事故应急响应指南》实际上就是一份在放射性物品发生核与辐射事故时,如何根据放射性物品的特性及交通事故严重程度等因素来确定事故严重程度,依据事故严重程度划分相应的应急响应级别及启动相应的应急响应程序(包括事故的上报、应急组织的启动及各组织的责任、应急组织的联络、受伤和受照射人员的医疗救治等),以及最后明确应急响应终止和恢复的条件等一系列行动的指南。

其基本内容主要包括三个方面:应急响应分级、应急响应程序、应急响应终止和恢复。

1. 应急响应分级

针对事故危害程度、影响范围和单位控制事态的能力等,将事故分为不同的等级(类似于前面所述的核安全事件分为七级,辐射事故分为四级)。

根据事故发生特点,在应急响应行动启动之前,应该确定应急响应级别。在对应急响应的级别进行确定的过程中,需考虑两个方面的因素:

(1)事故所造成的现实危害性。

(2)发生事故的现场危险源所具有的潜在危险性(即事故是否会对周围生态环境造成长期的潜在危害等)。

2.应急响应程序

根据事故大小和发展态势,明确应急组织、应急行动、资源调配、应急避险、扩大应急等响应程序。

(1)应急组织的启动。由正常运行状态转入应急状态的组织基础和首要条件是应急组织的启动。而对应急组织及其启动的具体要求和过程会随着事故具体情况及应急响应分级的不同而不同。

(2)应急处置的几种方法。

①现场处置。

a)现场辐射水平监测和分区:通过剂量监测,对事故现场进行分区,划分出事故控制区域,撤离区域内的人员,并通过警示标志或配置专门管理人员等方式防止无关人员进入。

b)处置裸露或破损的放射源:利用应急设备有计划地处理事故源和现场,将裸露或破损的放射源利用长柄工具等收储到诸如应急用铅容器等应急器具中,同时还需要防止放射性物品污染扩散与蔓延。

c)快速进行事故后果的评价,预测事故发展趋势,并根据实际的或潜在的事故后果大小,决定是否需要采取保护公众的措施。对于有严重后果的重大辐射事故,用于保护公众的防护措施包括隐蔽、撤离、服用放射性同位素阻断药物、放射性去污及食物与饮水控制等,具体防护措施见表2-2-1。

针对各种不同的照射途径可采取的防护措施　　　表2-2-1

防护措施	所针对的主要照射途径	事故阶段
隐蔽(要求人们留在室内,关闭门窗和通风,一般1~2天)	来自设施、烟羽和地面沉积的外照射; 烟羽中放射性物质的吸入内照射; 衣服和皮肤上的沉积物可能引起的内、外照射	早期
服用稳定碘、碘化合物(释放前或释放后立刻服用)	放射性碘吸入内照射; 放射性碘食入内照射	早期
紧急撤离(人群紧急撤离至较远地点,一般为一周)	来自设施、烟羽和地面沉积的外照射; 烟羽中放射性物质的吸入内照射; 衣服和皮肤上的沉积物可能引起的内、外照射	早期

第二章 放射性物品道路运输及核与辐射事故应急

续上表

防护措施	所针对的主要照射途径	事故阶段
暂时避迁和永久性再定居(避迁时间稍长,但小于一年)	地面沉积的外照射; 受污染的食物和水食入内照射; 再悬浮的放射性核素吸入内照射;	中、后期
食物和饮水控制、限制和禁用	受污染的食物和水食入内照射	中、后期
人体和衣物去污	外照射和/或内照射	早、中期
临时提供呼吸道防护	放射性核素吸入内照射	早、中期
进出通道控制	地面沉积外照射; 再悬浮的放射性核素吸入内照射	早、中、后期
控制污染家畜	放射性核素食入内照射	中、后期
限制或禁止使用受污染的产品(对施肥、燃烧、改良土壤等)	放射性核素摄入内照射	中、后期
土地、建筑物和道路去污	地面放射性核素沉积的外照射; 再悬浮的放射性核素吸入内照射	中、后期
物件去污(所属物、车辆等)	沉积放射性核素的外照射; 放射性核素食入或吸入内照射	中、后期
车辆和公共交通工具(飞机、火车等)的去污	沉积放射性外照射; 放射性核素食入或吸入内照射; 放射性物质从污染区向非污染区转移	早、中期
动物饲料的限制(例如从牧场转移到室内喂养)	动物食入放射性核素后进入人类食物链引起内照射	中、后期

②医疗救治。主要是根据放射性物品事故特点及事故现场情况,判断受照射人员可能的受照射剂量,并根据该剂量水平送受照人员前往医院诊断检查或治疗,并告知医生概况,以配合、协助诊治工作。必须注意通过限制受照时间和其他方法,使被抢救人员接受的辐射剂量控制在发生严重非随机效应的阈值之下。

③事故的上报。主要是根据上述的事故应急响应分级,分别向有关机关上报事故具体情况。比如应报告科室(班组)负责人、医院放射防护组的负责人、所在单位系统的上级、所在地的环境保护、公安、卫生行政管理部门以及政府部门,甚至是国家(部级)管理部门。

3. 应急终止和恢复正常程序

(1)应急终止。明确应急终止的条件。检测确认事故现场的辐射危险已消除,事故源已处于安全条件或安全销毁。事故现场环境已符合有关标准,导致次生、衍生事故隐患消除后,经事故现场应急指挥机构批准后,现场应急结束。

（2）恢复正常。处理受影响的地区与环境，清理事故现场和疏通交通，并按照规定对被放射性物品污染的物品进行清洗和消除；同时还应做好对公众心理、社会秩序的恢复。

4. 事故调查与建档

对事故源和装置的辐射源类别和状态条件、事故现场空间和时间条件、事故现场辐射照射剂量及状态、整个事故过程的动态变化等信息进行调查，同时按照有关规定建立档案和结案。

第三篇

业务知识篇

第一章　放射性物品道路运输驾驶人员

第一节　驾驶人员基本要求

一、驾驶人员的职业道德规范

职业道德是人们从事正当的社会职业,并在履行其职责过程中思想和行为应遵循的道德准则和行为规范。它是依靠社会舆论、信心、习惯、传统和教育的力量来调整人与人之间及个人与社会之间关系的行为规范总和。各种不同的职业,表现为各种不同的社会行为。各种不同的职业行为均有各自的规范。它就是贯穿于人们各自职业活动之中的职业道德,或者说带有职业特点的道德。

放射性物品道路运输驾驶人员的行为规范和准则与社会关系非常密切,这是因为驾驶人员工作规范和准则与社会关系非常密切。作为集体活动中的一员,可能会单独执行运输放射性物品的任务,使其工作具有操作独立性强、活动自由度大的特点,若一时疏忽便会造成人身伤亡、财产摧毁和环境污染,形成无法估量的损失。因此,放射性物品道路运输驾驶人员的职业道德观念尤为重要。

由于放射性物品道路运输驾驶人员岗位的特殊性,要求驾驶人员在职业活动中,不仅要遵循社会道德,还要遵守道路运输职业道德。其职业道德规范主要体现在以下几个方面:

1. 爱祖国,爱人民

爱祖国,爱人民是社会主义道德的一个重要规范,也是驾驶人员行为的基本准则。作为驾驶现代交通运输工具的人员,必须树立对祖国,对人民高度负责的思想,时刻把人民生命和国家财产的安危放在第一位。每一个放射性物品道路运输驾驶人员在驾车时,都要做到"机器一响,集中思想;车轮一动,想到群众"。牢固树立"安全第一,预防为主"的思想。

2. 遵章守纪,安全行车

遵章守纪,就是要遵守有关交通和放射性物品道路运输法规及行业管理规定,遵章行驶是驾驶人员交通职业道德的核心。安全行车主要是指保障放射性物品完好无损地运送到目的地,并确保自身和车辆的安全。与社会上其他职业相比,因放射性物品的特殊性,使得放射性物品道路运输驾驶人员肩上的担子更重,他们肩负着保障国家和人民生命财产安全的重任。若驾驶人员缺乏责任心,造成放射性物品破损、泄漏、燃烧、爆炸等事故,不仅会影响运输任务的完成,而且还会产生严重的负面社会影响。因此,作为一名放射性物品道路运输驾驶人员更应树立高度自觉遵守法规的思想,时时刻刻严格要求自己,加强自身道德修养,养成良好的遵章守纪的习惯和意识,确保行车安全,避免各类事故的发生。

3. 文明驾驶,礼貌行车

文明是社会进步的象征,精神文明建设是社会主义现代化建设中不可缺少的重要组成部分。驾驶人员的"文明"程度,是社会主义精神文明的反映。它不仅代表个人的职业道德素质,而且对整个社会精神文明的发展影响极大。

在道路上驾车行驶,就像一个人在社会生活中的行为举止一样,反映出驾驶人员的修养和道德品质。礼貌行车体现在运输活动的每一环节上,从驾驶人员的驾驶姿势、操作、对路况的处理等多方面都能表现出来。培养良好的驾驶作风,在行驶中"礼让三先",理解和尊重对方;不盲目开快车,不开"英雄车",不开"斗气车";做到有理也让人,宽容、大度、忍让,充分体现应有的道德风尚,主动维护公共秩序和交通秩序。

4. 爱岗敬业,优质服务

在大力弘扬社会公德、职业道德的氛围下,只有热爱本职岗位,才能树立"敬业"精神,以"干一行,爱一行,专一行"的姿态,投入到实际运输工作中去。优质服务的前提是爱岗敬业,不热爱自己专业的人谈不上"敬业",更谈不上优质服务。放射性物品道路运输驾驶人员应树立正确的人生观、价值观,增强职业责任感和事业心,以圆满地完成运输任务;同时,要在工作中有所作为,就必须遵循工作规程,按照放射性物品道路运输业务工作的实际要求来作业,以提供科学、规范、安全、优质、高效的服务。

爱岗敬业,优质服务的具体要求是:

(1)树立良好的职业观,克服世俗偏见,爱本职,钻业务,干事业;

(2)要有优质服务的本领,努力提高专业技术和服务质量,时刻要为货主着想,热情周到,诚实守信,真诚待人;

(3)树立管理爱岗的思想,只有具备"我为人人"的意识和行动,才能赢得信任和赞扬;

(4)树立信誉第一,质量至上的意识,建立稳定的货源渠道,取得良好的经济和社会效益;

(5)树立刻苦勤劳的工作态度,学会自我心理调节,保持良好心态,学习相关心理学知识,掌握服务技巧。

5. 文明经营,公平竞争

放射性物品道路运输是道路运输中的一种,也是通过货物流动来实现产值和效益的。随着改革不断加快,各行各业都在逐步与国际接轨,市场竞争日趋激烈,因此创建一个文明有序、健康的运输市场是发展的必然要求。

文明经营是服务业树立信誉的第一需要,即通过服务的方式,以平等、友好、热情的态度来对待客户,以倡导行业文明,做到公开、公平、公正地参与市场竞争,确保运输市场的规范,提高文明服务水平。放射性物品道路运输驾驶人员要有极强的价值观念,主动适应市场,提倡"文明经营、优质服务"。

6. 钻研技术,规范操作

放射性物品道路运输驾驶人员要提高运输效率,确保行车安全,必须掌握过硬技术,严格遵守驾驶操作规程。增强自尊、自信、自强意识,勤奋学习新知识、新技术,学习和掌握科学技术文化知识,努力钻研驾驶技能,以便更好地履行岗位职责。

钻研技术必须"勤业",干一行,钻一行,善于从一般地了解转变成熟练地掌握,根据放射性物品道路运输行业特点,要把钻研的力量放在驾驶技术上,善于从理论到实践,不断探索新问题、新情况,精益求精。规范操作是钻研技术的具体表现,即在驾驶操作过程中按照技术要求,遵章循矩,逐步形成规范的技能技巧,尤其因为放射性物品运输的特殊性,绝对不能盲目蛮干,且要重视实践,善于总结经验,掌握过硬的驾驶本领。

二、驾驶人员的基本要求

1. 基本要求

(1) 文化程度。

由于放射性物品道路运输具有特殊性,且核与辐射防护的科学含量比较高,因此要求从事放射性物品运输的驾驶人员,不仅要掌握驾驶车辆的技能,还要具备基本的文化知识,要求驾驶人员应具备初中毕业以上的学历,以便能更全面和深入地了解有关放射性物品道路运输安全相关知识。

(2) 驾驶年龄。

为保证放射性物品道路运输安全,降低事故发生的概率,要求从事放射性物品道路运输的驾驶人员,取得相应机动车驾驶证,年龄不超过60周岁,取得经营性道路旅客运输或者货物运输驾驶员从业资格2年以上,有3年内或5万km以上无重大以上交通责任事故的经历。

(3) 身体条件。

由于放射性物品的危害性,要求从事运输放射性物品的驾驶人员要身体健康,无妨碍驾驶的疾病,同时,综合心理素质要合格。一般主要妨碍驾驶的疾病有心血管系统疾病、神经系统疾病、精神障碍、生理缺陷等。

(4) 资质要求。

放射性物品道路运输驾驶人员需经所在地设区的市级人民政府交通运输主管部门考试合格,取得注明从业资格类别为"放射性物品道路运输"的道路运输从业资格证。

(5)专业技能。

除了具备出色的驾驶技能外,从事放射性物品道路运输的驾驶人员必须接受其所属企业或单位安排的有关安全生产法规、安全知识、专业技术、职业卫生防护和应急救援知识等方面的培训,了解放射性物品性质、危害特征、包装容器的使用特性和发生意外或运输事故时的应急措施,具备辐射防护与相关安全知识。同时,还需接受其所属企业或单位安排的有关运输安全生产和基本应急知识等方面的考核,考核不合格的,不得从事相关工作。

在运输过程中,驾驶人员应当按照托运人所提供的放射性物品运输说明书、核与辐射事故应急响应指南、装卸作业方法、安全防护指南,了解所运输的放射性物品的性质、危害特性、包装物或者容器的使用要求,以及发生突发事件故时的处置措施。

2. 岗位职责

(1)严格遵守《放射性物品道路运输管理规定》等有关放射性物品运输的法律、法规和规章,严格执行《放射性物质安全运输规程》(GB 11806—2004)、《道路运输危险货物车辆标志》(GB 13392—2005)、《汽车危险货物运输规则》(JT 617—2004)、《汽车运输、装卸危险货物作业规程》(JT 618—2004)等国家、行业标准关于放射性物品运输的规定,以及公司安全运输的各项规章制度和操作规程;

(2)驾驶人员在实习期内不得驾驶载有放射性物品等危险货物的机动车辆;

(3)观察交通状况,严格遵守道路交通安全法律法规安全驾驶,以及按规定行驶或停车,确保行车和运输安全,防止发生交通事故;

(4)参加安全教育与培训活动,学习安全技术知识与技能,掌握放射性物品道路运输注意事项、应急处理办法和放射性物品运输事故的预防措施,了解所运输放射性物品的物理、化学特性;

(5)妥善保管并能正确使用各种劳动保护、防护用品和消防器材;

(6)做好车辆日常维护工作,及时发现、排除车辆安全隐患,保持车辆技术状况良好;

(7)按规定的时间、速度和路线行驶,并做到随车运输证件与标志标识齐全有效,除押运人员外,车辆不得搭载无关人员和其他物品;

(8)运输途中发生交通事故、核与辐射事故等异常情况,及时向单位负责人报告,并向事发地公安部门报警,实施应急处置,维护好现场;

(9)服从公司的调度安排,按要求完成放射性物品道路运输任务。

第二节 放射性物品道路运输车辆基本要求

运输放射性物品车辆和设备的要求,除了按对普通货物运输的要求以外,还有一些特殊要求。正确认识和掌握放射性物品道路运输车辆和设备的特殊要求,并切实加强管理,对保证放射性物品道路运输安全,提高运输效率和经济效益,具有非常重要的意义。

一、车辆的基本要求

(一)车辆设备的技术要求

1. 车辆技术要求

(1)车辆技术性能符合国家标准《道路运输车辆综合性能要求和检验方法》(GB 18565—2016)的要求,且技术等级达到行业标准《营运车辆技术等级划分和评定要求》(JT/T 198—2004)规定的一级技术等级。

(2)车辆外廓尺寸、轴荷和质量符合国家标准《汽车、挂车及汽车列车外廓尺寸、轴荷及质量限值》(GB 1589—2016)的要求。

(3)车辆燃料消耗量符合行业标准《营运货车燃料消耗量限值及测量方法》(JT 719—2008)的要求。

(4)车辆应按照《道路运输危险货物车辆标志》(GB 13392—2005)的要求,悬挂危险品运输标志,喷涂警示标志和安全告示。

2. 专用车辆其他要求

(1)车辆为企业自有,且数量为5辆以上;若为非经营性放射性物品道路运输企业,专用车辆的数量可以小于5辆。

(2)核定载质量在1t及以下的车辆为厢式或者封闭货车。

(3)车辆配备满足在线监控要求,且具有具备行驶记录仪功能的卫星定位系统。

(4)车辆电路系统应有切断总电源和隔离电火花的装置,切断总电源装置应安装在驾驶室内,以便于开、关。

3. 设备要求

(1)配备有效的通信工具。

(2)配备必要的辐射防护用品和依法经定期检定合格的监测仪器。例如,为确保辐射安全,放射性物品道路运输驾驶人员应佩戴个人剂量计等辐射防护用品。

(二)车辆适装要求

1. 共同要求

(1)配备与所运放射性物品性能相适应的有效消防器材。其消防材质、数量应能满足应急需要且保证有效。

(2)对装运放射性物品的专用车辆、设备、搬运工具、防护用品等,应定期进行放射性污染程度的检查,超量时不得继续使用。

(3)放射性物品运输车辆,应根据所装运的放射性物品性质,采取相应的遮阳、控温、防爆、防火、防震、防水、防冻、防粉尘飞扬、防静电、防撒漏等措施。

(4)报废的、擅自改装的、检测不合格的或者其他不符合国家规定要求的车辆、设备禁止从事放射性物品道路运输活动。

(5)装运大型运输容器、集装箱、集装罐柜等车辆,必须设置牢固、安全且有效的紧固装置。

(6)装运大型气瓶的车辆必须配置活络插桩、三角垫木、紧绳器等工具,以保证车辆装载平衡,防止气瓶在行驶中滚动,以保证运输安全。

(7)根据所装放射性物品的性质和包装形式的需要,车辆还须配备相应的捆扎用大绳、防散失用的网罩、防水用的苫布等工、属具。

2. 栏板货车

车厢底板必须平整完好,周围栏板必须牢固,周围没有栏板的车辆,不得装运放射性物品。

3. 厢式货车

厢式货车又叫厢式车,主要用于全密封运输各种物品,特殊种类的厢式货车还可运输危险化学品。厢式货车具有机动灵活,操作方便,工作高效,充分利用空间及安全、可靠等优点。按照外形不同可分为:单桥厢式货车、双桥厢式货车、平头厢式货车、尖头厢式货车;按照用途不同可分为:仓栅式运输车、厢式货车。

厢式货车的厢体,大多数是木质、钢板或钢木结合的厢体,可以固定在栏板货车的底板上。其紧固装置必须牢固,不能使厢体滑落。

由于汽车本身长度有限,驾驶人员、押运人员与放射性物品的距离受车身长度的限制,难以通过距离防护来减少放射性物品对人体的辐射剂量。为尽可能减少放射性物品驾驶室内驾驶人员、押运人员的核辐射危害,可以在驾驶室与厢体之间安装铅板屏蔽层(辐射防护层),对辐射源进行屏蔽以起到辐射防护的目的。

为了解决城市内放射性药品运输需求大但运输量小的问题,《放射性物品道路运输管理规定》中提到"核定载质量在1t及以下的车辆为厢式或者封闭货车"这一条。这主要是因为厢式货车适宜装运放射性药品,在运输中能防止放射性药品货损、货差和丢失;能起到防雨、防雷、防辐射等保护作用。但封闭式货车不得装运Ⅰ类放射性物品。

4. 集装箱运输车

集装箱运输是一种集零为整的成组运输,其集装箱临时固定在拖挂车上。经过运行到达目的地把集装箱卸下去,一次运输任务即告完成。集装箱有它的周转规定,按时清洗、交箱,运输任务就全部完成。

货物集装箱是指便于采用一种或多种运输方式运输有包装货物或无包装货物且中途不需要重新装载的一种运输设备。货物集装箱的封闭性必须是耐久的,其刚度和强度要足以保证重复使用,并必须安装一些便于装卸用的部件(特别是在更换运输工具和改变运输方式时使用)。

散货集装箱是指下述便于搬运的包装:

(1)容积不大于 $3m^3$;

(2)采用机械装卸;

(3)根据性能试验的测定,可以抗装卸和运输中产生的应力;

(4)设计符合 ST/SG/AC.10/Rev.9 中有关对散货集装箱(IBC)的建议章节里规定的标准。

还有一种罐式集装箱,它是由箱体框架和罐体两部分组成的集装箱,有单罐式和多罐式两种。罐式集装箱运输车主要运输液态、粉尘状等放射性物品。

集装箱装运放射性物品,应考虑放射性物品化学性质的抵触性、敏感性,在同一箱体内不得装入性质相抵触的放射性物品,更要注意放射性物品的配载规定,如果小箱体达不到隔离间距,不应强行配装,避免发生不应有的事故。同时,还必须为集装箱配备设置有效的紧固装置,其紧固装置必须牢固安全、有效。

(三)放射性物品道路运输工具的限制

由于放射性物品所特有的理化性质,具有一定的潜在危险性,在运输装卸过程中,对于环境、温度、湿度、震动、摩擦、冲击等因素的防范,要求非常严格,为此《汽车运输危险货物规则》(JT 617—2004)和《放射性物品道路运输管理规定》中对道路运输放射性物品工具作了限制。

1. 车型的限制

(1)全挂汽车列车,各种客车、客货两用车、三轮机动车、摩托车和非机动车(含畜力车),禁止运输放射性物品。

上述这些运输车辆由于在运输途中具有不稳定性,如:全挂汽车的拖挂车在行驶中颠簸、摆动很大,易造成货物丢失,且挂车与主车连接部位易产生火花,造成火灾事故;三轮机动车、摩托车虽然是机动车辆,由于行驶中的不稳定性及放射性物品装载部位的不安全性,易造成事故;非机动车在行驶中容易与行人、机动车混行,易造成意外事故;畜力车牲畜容易受惊吓,发生事故;各种客车、客货两用车由于放射性物品与人直接接触,一旦放射性物品泄漏,易造成人身伤亡事故。因此,这些车辆不得运输放射性物品。

(2)自卸汽车不得装运放射性物品。

由于自卸汽车在运输行驶中,其自卸装置有可能造成误操作而发生事故,因此自卸汽车不得装运放射性物品。

(3)货车列车(经特许的车辆除外)禁止装运放射性货物。

2. 车辆车况的限制

放射性物品运输车辆的车况,是确保放射性物品道路运输安全和运输服务质量的重要环节。根据《放射性物品道路运输管理规定》要求,从事放射性物品运输车辆的车况必须达到一级技术等级。凡不符合一级技术等级标准的车辆,不得运输放射性物品。

3. 车辆使用限制

(1)禁止专用车辆用于非放射性物品运输,但集装箱运输车(包括牵引车、挂车)、甩挂运输的牵引车以及运输放射性药品的专用车辆除外。放射性物品具有较高的危险性,出于安全性考虑,《放射性物品运输管理规定》禁止专用车辆运输非放射性物品。但集装箱运输车(包括牵引车、挂车)、甩挂运输的牵引车,在卸载放射性物品后,无任何污染,如普通货车无异,为提高车辆利用率,降低企业运输成本,允许其从事非放射性物品运输。

(2)按照规定使用专用车辆运输非放射性物品的,不得将放射性物品与非放射性物品混装。放射性物品与非放射性物品混装,若放射性物品包装出现破损,易造成对非放射性物品的污染,产生安全隐患。因此,《放射性物品运输管理规定》禁止将危险货物与普通货物混装运输。

(3)运输过放射性物质的罐和散货集装箱,若对 β 和 γ 发射体以及低毒性 α 发射体的污染未去污至 $0.4Bq/cm^2$ 水平以下,或对所有其他 α 发射体未去污至 $0.04Bq/cm^2$ 水平以下时,不得用于储存或运输其他货物。

(4)在完全由托运人控制安排和不违背其他有关规定的条件下,应允许其他货物与按独家使用方式下运输的托运放射性物品一起运输。

4. 装载限制

(1)运输指数(TI)。

运输指数(TI)是用来控制货包、外包装或货物集装箱,或无包装的Ⅰ类低比活度物质(LSA-Ⅰ)或Ⅰ类表面污染物体(SCO-Ⅰ)辐射照射的一个数值。按照下述步骤确定:

①确定距货包、外包装、货物集装箱或无包装的Ⅰ类低比活度物质(LSA-Ⅰ)或Ⅰ类表面污染物体(SCO-Ⅰ)的外表面1m处的最高辐射水平(以 mSv/h 为单位),运输指数应为该值乘以100。在实际确定过程中,在距离货包1m处来测量货包的辐射水平,在不同位置上可测到不同数值(以 mSv/h 为单位),以其中最大值的100倍来确定运输指数。对于铀矿石和钍矿石及其浓缩物,在距装载物的外表面1m处的任一点的最高辐射水平可以取:0.4mSv/h,对铀矿石和钍矿石及其物理浓缩物;0.3mSv/h,对钍的化学浓缩物;0.02mSv/h,对铀的化学浓缩物(六氟化铀除外)。

②对于罐、货物集装箱和无包装的Ⅰ类低比活度物质(LSA-Ⅰ)和Ⅰ类表面污染物体(SCO-Ⅰ)的运输指数,应对第①条确定的值乘以表3-1-1所列的相应系数进行修正。

③按照①和②计算得到的值应进位至小数点后第一位(例如将1.13进到1.2),只有当计算结果等于或小于0.05时才可以认为运输指数为零。

④每个外包装、货物集装箱或运输工具的运输指数应以所装的全部货包的运输指

数(TI)之和来确定。对于刚性外包装也可通过直接测量辐射水平来确定。

罐、货物集装箱和无包装 LSA-I 与 SCO-I 的放大系数　　　表 3-1-1

装载物尺寸①	放 大 系 数
装载物尺寸≤1m^2	1
1m^2＜装载物尺寸≤5m^2	2
5m^2＜装载物尺寸≤20m^2	3
20m^2＜装载物尺寸	10

注:①装载物所测得的最大截面积。

(2)临界安全指数(CSI)的确定。

装有易裂变材料货包的临界安全指数应由 50 除以《放射性物质安全运输规程》(GB 11806)7.11.6 和 7.11.7 中导出的两个 N 值中的较小者得到(即 $CSI=50/N$)。倘若无限多个货包是次临界的(即 N 在这两种情况下实际上均是无限大),临界安全指数值可以为零。

每件外包装或货物集装箱或每批托运货物或运输工具上的临界安全指数应以所装的全部货包的临界安全指数之和来确定。确定一批托运货物或一件运输工具的临界安全指数的总和时应当遵守同样的程序。

(3)货包和外包装的运输指数、临界安全指数和辐射水平的限值。

任何货包或外包装的运输指数应不超过 10,而任何货包或外包装的临界安全指数应不超过 50,但按独家使用方式运输的托运货物除外。

货包或外包装的外表面上任一点的最高辐射水平应不超过 2mSv/h,但按独家使用方式通过公路运输的货包或外包装除外。

按独家使用方式运输的货包或外包装的任何外表面上任一点的最高辐射水平应不超过 10mSv/h。

(4)专用车辆装载量限制。

国家有关法律、行政法规和部门规章严格禁止放射性物品运输专用车辆违反国家有关规定超限超载运输。《中华人民共和国道路交通安全法》第四十八条规定:"机动车载物应当符合核定的载质量,严禁超载;载物的长、宽、高不得违反装载要求,不得遗洒、飘散载运物。"《中华人民共和国道路交通安全法实施条例》第五十六条第(三)款规定:"载货汽车所牵引挂车的载质量不得超过载货汽车本身的载质量。"《中华人民共和国道路运输条例》第十九条规定:"旅客和货物运输业务经营者应当按照车辆核定的载客、载货限额运送旅客或装载货物,禁止超载、超限运输。"《放射性物品运输管理规定》第二十七条规定:"专用车辆不得违反国家有关规定超载、超限运输放射性物品。"专用车辆装载放射性物品应符合交通部、公安部、国家发展和改革委员会 2004 年 8 月 20 日印发的《关于进一步加强车辆超限超载集中治理工作的通知》中规定的认定标准,不得超载超限运输。超限超载车辆认定标准见表 3-1-2。

车辆超限超载认定标准　　　　　　　　　　表 3-1-2

轴数	车辆形式及相关要求	车货总重量(t)
2		20
3		30
4		40
5		50
≥6		55

注：1. 由汽车和全挂车组合的汽车列车，被牵引的全挂列车的总质量不得超过主车的总重。

2. 除驱动轴外，上述图示中的并装双轴、并装双轴以及半挂车和全挂车，每减少两轮胎，其总重限值减少 4t。

二、车辆的安全设施

放射性物品道路运输车辆与普通货物运输车辆的运输对象不同,除对车辆车型、技术状况、配备的工属具等要求不同外,对车辆安全设施亦有特殊的要求。针对选用的车型、所装运的放射性物品的不同,还必须配备相应的安全设施。

(一)卫星定位系统

国务院《放射性物品运输安全管理条例》第三十二条第三款规定:"国家利用卫星定位系统对一类、二类放射性物品运输工具的运输过程实行在线监控。"交通运输部《放射性物品道路运输管理规定》(交通运输部2010年第6号令)第七条第(一)款第2项中规定:"车辆配备满足在线监控要求,且具有行驶记录仪功能的卫星定位系统。"

根据上述法规、部门规章关于放射性物品运输过程实行在线监控的要求,放射性物品运输车辆必须配备符合国家标准规定的卫星定位系统。

(二)电源总开关

欧洲经济委员会《国际公路运输危险货物协议》(ADR)、交通运输部《汽车运输危险货物规则》(JT 617—2018)中有"车辆应有切断总电源和隔离电火花装置,切断总电源装置应安装在驾驶室内"的规定。

电路系统应有切断总电源的装置,这是因为车辆电路系统的电线使用时间过久,塑胶层容易老化,导致胶层脱落,极易搭铁,形成短路,引起火花而造成火灾事故的发生。因此,要求车辆必须在驾驶室安装便于驾驶员能随时操作切断电源的总开关。

有的车辆电源总开关在驾驶室外的后方,距蓄电池较近,而且是旋钮式的,一旦途中停车就餐或休息,很有可能被其他无关人员或儿童旋动而造成电路系统通电,若遇电线老化,容易产生电火花,会造成意想不到的事故,所以电源总开关应安装在驾驶室内,停车时应切断车辆总电源。驾驶员应认真检查车辆电源总开关装置的安装,不符合规定,应及时整改。

为确保安全,除下列部件外,所有的电路都应有保险丝或电路自动跳闸装置:
(1)从电池到发动机的冷起动和停止系统;
(2)从电池到交流发电机;
(3)从交流发电机到熔断丝或闸箱电路;
(4)从电池到起动机;
(5)如果此系统是电子或电磁的,从电池到持久性闸系统的电源控制箱;
(6)从电池到转向支架的提升机构。

为防止电路配线在车辆正常作业时碰撞、磨损和擦破,以引起电路起火或者短路,电路配线应作如图3-1-1所示的保护。

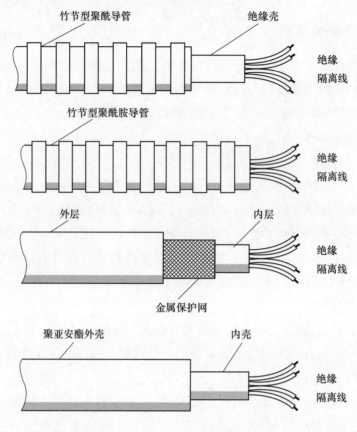

图 3-1-1　汽车电路配线保护

(三)消防器材及使用常识

放射性物品能放射出人类肉眼看不见但却能损害人类生命和健康的 α 射线、β 射线、γ 射线和中子流等。扑救这类放射性物品火灾必须采取特殊的能防护射线的措施。从事放射性物品道路运输的车辆,必须配备有与所运的放射性物品性能相适应、有效的消防器材,同时还要配备一定数量的防护装备和放射性测试仪器。

消防器材种类、规格多样,性能不同,灭火效果各异,如酸碱灭火器,泡沫灭火器、1211 灭火器、二氧化碳灭火器、干粉灭火器等,水、砂土也是重要的灭火手段。不管哪种灭火方式,都要慎重选择。不同的灭火器,所喷出的灭火药剂性质也不同,所产生的效果也不同。

(四)标志灯和标牌使用

放射性物品道路运输专用车辆应按照国家标准《道路运输危险货物车辆标志》(GB 13392—2005)、《放射性物质安全运输规程》(GB 11806—2004)的要求,设置危险品标志灯和标牌。

1. 标志灯

标志灯的主要功用是在行车时,特别是夜间行车时对迎面驶来的会车车辆起警示作用。根据这一功用要求,一是通过加入荧光材料或贴覆荧光膜的制作工艺,使灯体部分可以在夜间车辆正常行驶时发出一定强度的可见光;二是标志灯上的线条和汉字与基色成对比色,且使用反光材料印刷或贴覆,有效保证标志灯在夜间的正常工作。

(1)标志灯的分类。

标志灯按照安装方法分为三种类型(见表3-1-3):A型为磁吸式、B型为顶檐支撑式、C型为金属托架式。其中B型、C型标志灯又按车辆载质量各分为三种型号:即BⅠ、BⅡ、BⅢ和CⅠ、CⅡ、CⅢ,分别适用于轻、中、重型载货汽车。如,一辆载质量为8t的危险货物运输专用车辆,应该选择安装BⅡ型号标志灯;又如,一辆载质量为20t的带导流罩危险货物运输专用车辆,应该选择安装CⅢ型号标志灯。

标志灯类型　　　　　　　　　　表3-1-3

类　型	安装方式	代　号	适 用 车 辆
A型	磁吸式	A	载质量1t(含)以下,用于城市配送车辆
B型	顶檐支撑式	BⅠ	载质量2t(含)以下
		BⅡ	载质量2~15t(含)
		BⅢ	载质量15t以上
C型	金属托架式	CⅠ①	带导流罩,载质量2t(含)以下
		CⅡ①	带导流罩,载质量2~15t(含)
		CⅢ①	带导流罩,载质量15t以上

注:①金属托架为可选件,金属托架按底平面与标志灯基准面的夹角γ分为三种,γ分别为30°、45°、60°。

(2)标志灯的尺寸和规格。

①A型标志灯如图3-1-2和表3-1-4所示。

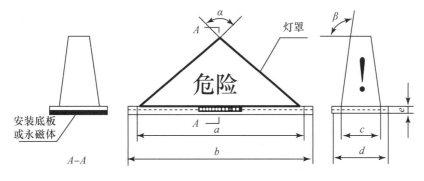

图3-1-2　A型标志灯

A型标志灯尺寸　　　　　　　　　　表3-1-4

类　型	尺　寸						
	a(mm)	b(mm)	c(mm)	d(mm)	e(mm)	α(°)	β(°)
A	400	440	100	140	22	100	100

②B型标志灯如图3-1-3和表3-1-5所示。标志灯灯体与金属杆用螺栓连接,以弹

簧垫圈方式锁紧。

金属杆
金属架
金属拉攀
危险

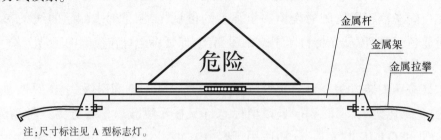

注:尺寸标注见 A 型标志灯。

图 3-1-3　B 型标志灯

B 型标志灯尺寸　　表 3-1-5

类　型	尺　寸						
	a(mm)	b(mm)	c(mm)	d(mm)	e(mm)	α(°)	β(°)
BⅠ	400	440	100	140	22	100	100
BⅡ	460	500	120	160	22	100	100
BⅢ	520	560	140	180	22	100	100

③C 型标志灯如图 3-1-4 所示。C 型标志灯灯体尺寸与 B 型相同。标志灯灯体与金属托架、金属托架与汽车导流罩用螺栓连接,以弹簧垫圈方式锁紧。

危险
!
γ
金属托架

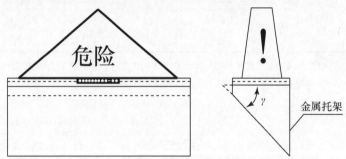

图 3-1-4　C 型标志灯

(3)标志灯编号牌。

每个标志灯应有一个确定编号。编号规则如图 3-1-5 所示。

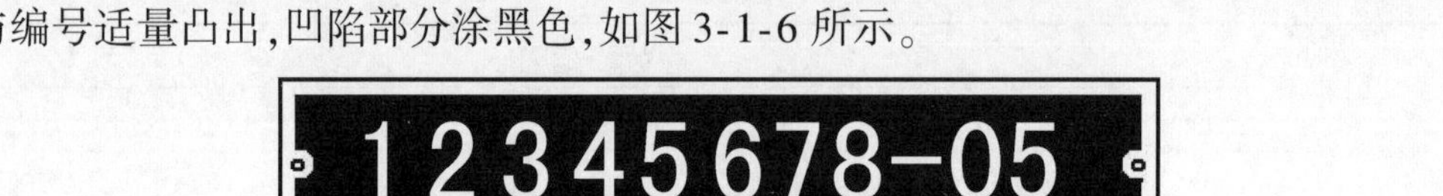

年号:公元年号的后两位,用阿拉伯数字表示
序号:阿拉伯数字,八位

图 3-1-5　标志灯编号规则

编号牌为长 100mm,宽 20mm 的铝质金属牌,编号字体为黑体,用腐蚀工艺制作使边框与编号适量凸出,凹陷部分涂黑色,如图 3-1-6 所示。

12345678-05

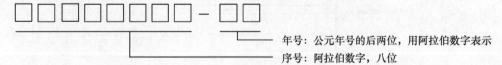

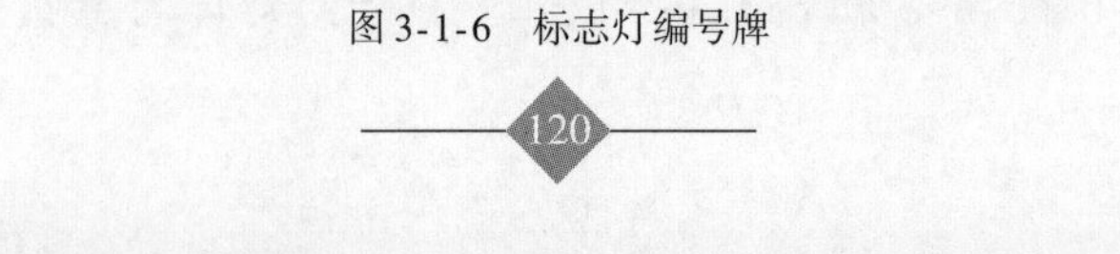

图 3-1-6　标志灯编号牌

编号牌用螺栓或粘贴方式固定于标志灯正面下方、中部,编号牌下沿距灯罩底沿1mm。

(4)标志灯安装。

除载质量为1t(含)以下用于城市配送的放射性物品运输专用车辆可使用磁吸式标志灯外,其他危险品(包括放射性物品)运输专用车辆一律将标志灯以顶檐支撑或金属托架方式固定安装在汽车驾驶室顶部。需要指出的是,对于载质量为1t(含)以下的危险品运输专用车辆,用途不限于城市配送时,规定仍需要将标志灯以顶檐支撑或金属托架方式固定安装在汽车驾驶室顶部。磁吸式标志灯的安放位置也应符合《道路运输危险货物车辆标志》(GB 13392—2005)的规定,即必须将有标志文字"危险"字样和标志灯编号的标志灯正面朝向车辆行驶方向,不得为减小风阻而在安放时将标志灯正面朝向车辆的侧面。

《道路运输危险货物车辆标志》(GB 13392—2005)的附录B"标志灯安装位置"(资料性附录),以图示形式对A、B、C三种类型标志灯的安装位置进行了形象描述(图3-1-7、图3-1-8、图3-1-9)。

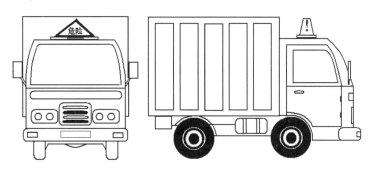

图3-1-7　A型标志灯安装位置

图3-1-8　B型标志灯安装位置

2.标志牌

标志牌的主要功用是在行车时对后面驶近的超车车辆起警示作用,在驻车和车辆遇险时对周围人群起警示作用、对专业救援人员起指示作用。

根据这一功用要求，一是标志牌图形采用了与国际接轨的危险货物指示图案、类项代号，以及易于被中国人识别的中文危险货物类别或类项名称；二是基板贴覆定向反光膜，图案、线条、字体均使用反光材料印刷，有效保证了标志牌的正常工作。

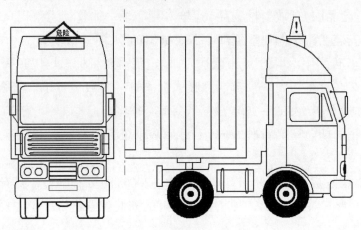

图3-1-9　C型标志灯安装位置

标志牌的分类、安装具体参见本书第一篇第三章第三节"放射性物品警示标志"的相关内容。

第三节　驾驶人员操作要求

一、出车前的操作要求

（1）机动车辆要做到"五不出车"，即：车况不符合要求不出车；驾驶员、押运员手续不齐、身体不适不出车；押运员不上岗不出车；天气状况恶劣不出车；驾驶员、押运员对放射性物品安全运输指南不理解不出车。发现故障应立即排除，严禁车辆"带病"运行。

车辆出车前必须由单位或者部门进行车辆技术安全检查，经过车管技术员安全检查符合要求，才能安排车辆承接运输任务。安全检查项目有：

①车辆制动系统、转向系统、灯光系统。

②车辆轮胎及气压情况。

③车辆安全消防设备配备及有效性。

④定期维护执行情况。

⑤车载卫星定位系统稳定性及终端设备是否正常有效。

安检人员对符合要求的车辆开具安检合格证明，凭证明由调度派车运行。

调度派车前，应当检查车辆《道路运输证》经营范围是否与派车任务一致；运输任务

第一章 放射性物品道路运输驾驶人员

货物质量是否在车辆核定的载质量范围内;符合要求向驾驶员发出派车指令。驾驶员在出车前需要做以下工作:

①出车前检查证照及有关证件是否齐全,检查车辆外观和喇叭、灯光是否齐全有效。放射性物品道路运输驾驶人员上岗时应当随身携带《道路运输从业资格证》,随车携带《道路运输证》。

②检查油、水、电是否缺漏和各种仪表及安全设施是否良好有效。

③车辆轮胎的气压。

④车载卫星定位系统终端接线插口是否松动。

⑤检查车辆上设置的放射性物品道路运输警示标志是否齐全且有效。

⑥检查随车必备的消防用具是否齐全有效。

(2)按照托运人所提供的放射性物品运输说明书、核与辐射应急响应指南、装卸作业方法、安全防护指南,熟悉放射性物品的性质、危害特性、包装物或者容器的使用要求,及发生突发事故时的应急处置措施,熟悉该趟次运输组织方案。

(3)放射性物品道路运输专用车辆的车厢底板应平坦完好,栏板牢固,根据放射性物品特性,应采取相应的衬垫防护措施(如铺垫木板、胶合板、橡胶板等)。

(4)车厢、集装箱或罐体内不得有与所装放射性物品性质相抵触的残留物或其他货物。首先,要求放射性物品货包不得与其他类型的危险货物(包括易燃、易爆物品等)混装在同一辆车辆上,也不得与食品混装在同一车厢(舱)内运输。此外,即使放射性物品的物理性质相同,不同种类的放射性物品货包的配装也必须满足运输指数限制要求,不可任意混装,具体可参见本节"二、运输过程中的操作要求"的"2. 运输中货物的隔离和摆放要求"。

(5)根据车辆运载货物种类、性质不同,配备相应的消防器材及安全防护设施和设备,并保证齐全有效,发现问题应立即更换或修理。

(6)根据所运放射性物品特性,应随车携带遮盖、捆扎、防潮、防火、防毒等工、属具和应急处理设备、劳动防护用品[防护服、热释光剂量(TLD)和电子剂量计、自给式呼吸器]。

(7)对装运放射性物品的专用车辆、设备、搬运工具、防护用品等,应定期进行放射性污染程度的检查,以确定其污染水平,超量时不得继续使用。该检查的频度应视其受污染的可能性和所运输的放射性物质的数量而定。

(8)装车完毕后车辆起步前,驾驶人员应对货物的堆码、遮盖、捆扎等安全措施及对影响车辆起动的不安全因素进行检查,确认无不安全因素后方可起步。

二、运输过程中的操作要求

1. 行车要求

(1)放射性物品道路运输驾驶人员应严格按照《汽车运输危险货物规则》(JT 617—

2004)、《汽车运输、装卸危险货物作业规程》(JT 618—2004)等有关放射性物品操作要求进行操作,不得违章作业。

(2)在道路运输放射性物品过程中,驾乘人员严禁吸烟,严禁搭乘无关人员和危及安全的其他物资。

(3)驾驶人员应根据道路交通状况控制车速,运输放射性物品的车辆在一般道路上最高车速为60km/h,在高速公路上最高车速为80km/h,并应确认有足够的安全距离,如遇雨天、雪天、雾天等恶劣天气,最高车速为20km/h,还应打开警示灯,警示后车,防止追尾。驾驶人员一次连续驾驶4h应休息20min以上,24h内实际驾驶车辆时间累计不得超过8h。

《道路交通安全法》第四十三条规定,有下列情形之一的,不得超车:
①前车正在左转弯、掉头、超车的。
②与对面来车有会车可能的。
③前车为执行紧急任务的警车、消防车、救护车、工程救险车的。
④行经铁路道口、交叉路口、窄桥、弯道、陡坡、隧道、人行横道、市区交通流量大的路段等没有超车条件的。

在没有超车条件的路段超车,会增加行车危险,特别是运输放射性物品的车辆,一旦发生事故,将造成严重后果,因此,严禁强行超车、会车,且严禁为了超越车辆而超过规定限速行车。

(4)严格按照公安部门批准的放射性物品道路运输许可证核定的路线、时间、速度进行运输,不得擅自在居民聚居点、行人稠密地段、政府机关、名胜古迹、风景游览区等敏感区域停车,同时还应注意与其他车辆、建筑物等地点保持一定安全距离,并要划出警戒区域,严禁无关人员进入警戒区。

如因故确需在上述地区进行临时停车,应采取安全措施。途中停车住宿应按照公安部门规定的停靠点停靠住宿,遇有无法正常运输的情况需要调整运行时间或路线时,应向当地公安部门报告经批准后,方可执行。

(5)放射性物品运输车辆在距离隧道50m、加油站30m的路段内不许停车。通过隧道、涵洞、立交桥时,应注意限高标志。通过铁路道口时,应按照交通信号或者管理人员的指挥通行。

(6)运输途中,车辆行驶至公安部门规定的允许停靠点时,驾驶人员应会同押运人员对下列内容进行检查,发现情况及时采取措施:
①检查水温、油温、各种仪表工作情况及轮胎气压。
②检查制动器有无拖滞发热现象,各连接部位的牢靠性。
③检查有无漏水、漏油、漏气和一切安全设施是否有效。
④货物捆扎情况。

⑤检查放射性物品运输容器是否破损、撒漏等。

(7)运输途中应尽量避免紧急制动,转弯时车辆应减速。车辆在紧急制动、转弯、起步时会对车辆上的货物和运输组件施加纵向或横向的应力,如图3-1-10所示,致使货物滑动、碰撞、跌落、翻倒等,引起事故。

(8)运输过程中放射性物品发生事故时,驾驶人员和押运人员应立即按照相应的应急响应程序,向事故发生地的县级以上人民政府环境保护主管部门,以及其他相关部门报告,并应看护好车辆、货物,共同配合采取一切可能的警示、救援措施(具体可参见第二篇第二章第二节"核与辐射事故应急组织实施"的相关内容)。

制动——向前作用的应力　　转弯——向一侧作用的应力

起步——向后作用的应力

图3-1-10　公路运输中作用于货物上的力

(9)运输放射性物品途中遇有天气、道路路面状况发生变化,应根据所装载放射性物品特性,及时采取安全防护措施。遇有雷雨时,不得在树下、电线杆下、高压线下、铁塔下、高层建筑周围及容易遭到雷击和产生火花的地点停车。若要避雨时,应选择安全地点停放。遇有泥泞、冰冻、颠簸、狭窄及山崖等路段时,应低速缓慢行驶,防止车辆侧滑、打滑及放射性物品剧烈震荡等,确保运输安全。

(10)运输过程中,驾驶人员及相关放射性物品道路运输从业人员应做到"六定"、"六不赶"、"六不准"和"六个明白":

六定:确定运输车辆;确定运输人员;确定人员岗位;确定运输路线;确定停留地点;确定工作责任。

六不赶:不赶时间;不赶道口;不赶天气;不赶住宿;不赶回程;不赶质保检查。

六不准:不准喝酒;不准抢行快车;不准任意超车停车;不准私自带人带货;不准绕道办私事;不准向外界泄露运输线路和货物情况。

六个明白:明白自己的工作岗位和负责内容,了解工作风险有哪些;明白自己所使用或分管设备的技术状态;明白自己工作窗口的时间,保证车队运行计划的实现;明白对自己所负责工作进行再检查的方法和验收标准;明白自己的工作边界和接口关系;明白自己工作经验(教训)反馈的渠道,为今后运输积累经验。

(11)在进行放射性物品道路运输时,除应熟悉货包内放射性物品的放射性和易裂变性质外,还应熟悉其他危险性质,例如爆炸性、易燃性、自燃性、化学毒性和腐蚀性,以及遵守与危险货物运输有关的规定。

2.运输中货物的隔离和摆放要求

(1)运输中的隔离要求:

①装有放射性物质的货包、外包装和货物集装箱在运输期间和中途储存期间都应按照规定,与有人员逗留的场所相隔离,以及与未显影的照相胶片相隔离。计算隔离距离或辐射水平时,应采取下述剂量值:

a)对经常处于作业区内的工作人员,年剂量为5mSv。

b)对公众经常出入的区域内的公众成员,考虑预期受到的所有有关的其他受控源或者实践的照射,对关键组的年剂量规定为1mSv。

c)每批托运未显影的照相胶片在与放射性物质运输期间受到的总辐射照射小于0.1mSv。

②Ⅱ级(黄)或Ⅲ级(黄)货包或外包装均不应放在旅客乘用的隔舱中运载,但那些专门批准押运这些货包或外包装的人员所专用的隔舱除外。

(2)运输中的摆放要求:

①放射性货物在运输过程中,必须堆放安全、稳妥,防止行车中倒塌、倾斜、撞击、移位。

②放射性同位素和易裂变物质的货包在车厢里不得堆码。摆放时,要尽量做到减少周围的剂量率。运输指数大的货包放在中间,运输指数小的货包放在四周,这样剂量小的货包也能起到一定的屏蔽作用,减少周围的剂量率。

③只要货包或外包装表面的平均热流密度不超过$15W/m^2$,且其紧邻的货物不是装在袋里或包里,则该货包或外包装可与有包装的普通货物放在一起运载或储存,无需特殊的堆放要求,但批准证书中主管部门对堆放规定有专门要求的货包或外包装除外。

④应按下述要求控制货物集装箱的装载及货包、外包装和货物集装箱的存放:

a)除独家使用的情况外,应限制单件运输工具上的货包、外包装和货物集装箱的总数,以使运输工具上的运输指数总和不大于50,对托运的Ⅰ类低比活度物质(LSA-Ⅰ),不限制其运输指数总和。

b)在托运货物按独家使用方式运输时,单件运输工具上的运输指数总和不受限制。

c)在常规运输条件下运输工具外表面上任一点的辐射水平应不超过2mSv/h,而在距运输工具外表面2m处的辐射水平应不超过0.1mSv/h,除以独家使用方式通过公路或铁路运输的托运货物之外,车辆周围的辐射水平均应低于下面的限值:

ⓐ在车辆外表面(包括上、下表面)上任一点的辐射水平,或者就敞式车辆而言,在那些由车辆外缘延伸的铅直平面上、装运物的上表面上以及车辆下部外表面上任一点的辐射水平均应不超过2mSv/h。

ⓑ在距由车辆外侧面延伸的铅直平面2m处的任一点的辐射水平,或者就敞式车辆而言,在距由车辆外缘延伸的铅直平面2m处的任一点的辐射水平,均不得超过0.1mSv/h。

d)货物集装箱内和运输工具上的临界安全指数总和应不超过表3-1-6中的限值。

装有易裂变材料的货物集装箱和运输工具的临界安全指数(CSI)限值　　表 3-1-6

货物集装箱或运输工具类型	在货物集装箱内或运输工具上的临界安全指数总和的限值	
	非独家使用	独家使用
小型货物集装箱	50	不适用
大型货物集装箱	50	100
车辆	50	100

⑤运输指数大于 10 的货包、外包装或临界安全指数大于 50 的托运货物,应按独家使用方式运输。

⑥对公路车辆,除驾驶员及其辅助人员(如押运人员)外,任何人均不允许搭乘运载贴有Ⅱ级(黄色)、Ⅲ级(黄色)标志的货包、外包装或货物集装箱的车辆。

⑦装有易裂变材料的货包在运输期间和中途储存期间的隔离:

a)中途储存期间,在任何一个储存区内的任何一组装有易裂变材料的货包、外包装和货物集装箱的数量应受到限制,以使任一组的这种货包、外包装、货物集装箱的临界安全指数总和不超过 50,各组之间的间距应至少保持 6m。

b)若运输工具上或货物集装箱内的临界安全指数总和超过 50,该运输工具或货物集装箱在储存时应与装有易裂变材料的其他货包、外包装组或货物集装箱组或运载放射性物质的其他运输工具之间的距离至少保持 6m。

⑧对按独家使用方式运输的托运货物的要求:

a)货包或外包装外表面上任一点的辐射水平应不超过 2mSv/h,仅在满足下述条件下才可超过 2mSv/h,但不可超过 10mSv/h:

ⓐ车辆应采取实体防护措施防止未经批准的人员在运输常规条件下接近托运货物。

ⓑ对货包或外包装采取了固定措施,在运输的常规条件下它们在车辆内的位置保持不变。

ⓒ运载期间,无任何装载或卸载作业。

b)在车辆外表面(包括上、下表面)上任一点的辐射水平,或者就敞式车辆而言,在那些由车辆外缘延伸的铅直平面上、装运物的上表面上以及车辆下部外表面上任一点的辐射水平均应不超过 2mSv/h。

c)在距由车辆外侧面延伸的铅直平面 2m 处的任一点的辐射水平,或者就敞式车辆而言,在距由车辆外缘延伸的铅直平面 2m 处的任一点的辐射水平,均不得超过 0.1mSv/h。

3. 与其他货物一起运输的要求

货包中除装有使用放射性物质所需的物品和文件外,不得装有任何其他物项(但符合独家使用方式运输要求的除外)。

上述要求不排除低比活度物质或表面污染物体与其他物项一起运输,只要这些物项之间及其与包装或与其放射性内容物之间不存在会降低货包安全性的相互作用,就可将它们装在一个货包中运输。

4.运输途中的货包辐射水平控制和意外处理

(1)应使任何货包外表面的非固定污染保持在实际可行的尽量低的水平上,在运输的常规条件下,这种污染不得超过下述限值:

①对 β 和 γ 发射体或低毒性 α 发射体为 $4Bq/cm^2$;

②对所有其他 α 发射体为 $0.4Bq/cm^2$。

可以用在表面的任意部位任一 $300cm^2$ 面积上取的非固定污染平均值来判断是否符合这一要求。

(2)外包装、货物集装箱、罐和散货集装箱及运输工具的内外表面上非固定污染水平不得超过上条所规定的限值,但下列第(6)条所提及的情况除外。

(3)若某一货包明显损坏或发生泄漏,或者怀疑该货包可能已发生泄漏或已损坏,则应禁止接近该货包,并且应尽快地由有资格人员评定该货包的污染程度和由此造成的辐射水平。评定的范围应包括该货包、运输工具及邻近装载和卸载的区域,如有必要,还应包括该运输工具曾运载过的所有其他物质。必要时,应根据有关主管部门制定的规定,采取一些保护人员、财产和环境的附加措施,以消除或尽量减轻这种泄漏或损坏造成的后果。

(4)受损货包或泄漏放射性内容物超过了运输的正常条件下容许限值的货包,可在监督下将其移至一个可接受的临时性场所,但在完成去污和修理或修复之前不得向外发运。

(5)在放射性物质的运输过程中,污染程度超过第(1)条规定的限值或表面辐射水平超过 $5\mu Sv/h$ 的所有运输工具、设备或部件都应由有资格的人员尽快加以去污,如果非固定污染超过第(1)条规定的限值,而且去污后表面的固定污染所引起的辐射水平又高于 $5\mu Sv/h$ 的,就不得重新使用,但下列第(6)条所提及的情况除外。

(6)在独家使用方式下用于运输未包装的放射性物质或表面污染体的外包装、货物集装箱、罐、散货集装箱或运输工具,只有当其仍处于特定的独家使用方式下,仅其内表面才可不必符合第(2)条和第(6)条的要求。

(7)当辐射水平或者污染出现不符合有关限值的情况时:

①当不符合情况在运输中被确认时,承运人应将不符合情况通知托运人,或者当不符合情况在收货中被确认时,收货人应将不符合情况通知托运人。

②承运人、托运人或者收货人应当:

a)立即采取措施,减轻不符合情况产生的后果。

b)调查不符合情况的原因、状况和后果。

c)采取适当行动补救导致出现不符合情况的原因和状况,防止再次出现导致不符合情况的状况。

d)将有关导致不符合情况的原因和已经采取的或者将要采取的纠正或者预防行动通知主管部门。

5. 运输过程的辐射防护措施

由第一篇第四章"辐射防护与监测"的相关内容可知,放射性物品所释放出的射线对人体的危害分为外照射危害和内照射危害两种。防护这两种辐射危害所采用的方法是不同的:

(1)外照射的防护。外照射防护的主要方法是屏蔽防护、时间防护和距离防护。

①屏蔽防护。屏蔽防护通常有两种:

a)对辐射源进行屏蔽。这就要求按照规定对放射性货物进行包装,并使之牢固完整无损。放射性物品本身的放射性活度越大,包装内屏蔽层的要求越高,不管货物本身的剂量率是多大,包装表面的辐射水平最大处不得超过2mSv/h。货包的运输指数不得超过10。具体可参见第一篇第三章第二节"放射性物品运输容器分类"的"三、货包和外包装的运输指数、临界安全指数和辐射水平的限值"的相关内容。

b)对人员进行屏蔽。驾驶人员、押运人员及装卸管理人员必须穿戴必要的防护用品,如戴铅手套、铅围裙和防护目镜等。具体使用方法参见第一篇第四章第二节"常用辐射防护用品"。

②时间防护。对驾驶人员、押运人员、装卸管理人员每人每天的接触或接近放射性物品的作业时间必须进行限制。运输操作前要做好充分准备,操作力求迅速。在高剂量率情况下,在限定的时间内不能完成作业时,必须换人操作。

时间防护要求限定的操作时间按下列公式计算:

$$操作时间 = \frac{全身均匀照射时每人每天剂量当量限值(H)}{放射性物品货包的辐射水平(P) \times 安全系数(K)} \quad (3\text{-}1\text{-}1)$$

式中,货包的辐射水平要视操作时离货包的距离而定,安全系数一般取2~3。

③距离防护。增大与辐射源的距离,能大大减少操作者所受到的剂量率。在运输作业中,由于车辆长度受限,通常是在驾驶室与厢体之间安装铅板屏蔽层来屏蔽放射性物品所释放出的射线。货包与人员之间没有另外屏蔽的情况下必须遵守安全距离的规定。安全距离是在这个距离以外人员与放射性货包相处,可以不受时间的限制。汽车运输中行车人员与放射性货包的距离必须考虑安全距离。

(2)内照射的防护。内照射危害需放射性物质经消化道、呼吸道或皮肤进入人体内才会发生。为防止放射性物质通过这些途径进入人体,驾驶人员在作业时应采取下列措施:

①防止由消化系统进入体内。作业时禁止饮食、饮水及吸烟,或以其他部位接触口腔。穿好工作服、戴好手套和口罩,作业完毕后应立即清洗并换上清洁衣服。对手以及

可能污染的部位进行检查,必须在容许程度以下时,才能进食和与他人接触。

②防止通过呼吸系统进入体内。作业场所保持清洁,要有良好通风,防止粉尘飞扬;戴好口罩。

③防止由皮肤进入体内。作业时要注意防止物品的外包装(特别是沾有放射性物质的部分)割坏皮肤。如果皮肤破伤,应立即停止作业,并进入医院治疗。禁止皮肤有伤口的人员、孕妇或哺乳妇女参加作业。

其他有关外照射和内照射防护的方法参见第一篇第四章第一节"辐射防护基本常识"的"四、辐射防护的原则和措施"的相关内容;去污处理方法参见第二篇第二章第二节"核与辐射事故应急组织实施"的"三、辐射事故应急措施"的相关内容。

6. 其他相关要求

(1)车辆进入放射性物品装卸作业区时,应按作业有关安全规定驶入装卸作业区,并将车辆摆放在容易驶离作业现场的方位上。车辆停靠货垛时,应听从作业区指挥人员的指挥,待装、待卸车辆与装卸货物的车辆应保持足够的安全距离,不准堵塞安全通道。

(2)装卸放射性物品过程中,需要移动车辆,应先关上车厢门和栏板,在保证安全的情况下,才能移动。

(3)运输放射性物品的车辆,在每次完成运输任务后,若发现车辆被污染,应及时进行清洗,消除辐射污染。

第二章　放射性物品道路运输押运人员

放射性物品道路运输押运岗位是国家法规规定必须设置的重要岗位。

《放射性物品运输安全管理条例》第三十八条明确规定:"通过道路运输放射性物品的,应当经公安机关批准,按照指定的时间、路线、速度行驶,并悬挂警示标志,配备押运人员,使放射性物品处于押运人员的监管之下。"交通运输部2010年第6号令《放射性物品道路运输管理规定》中第七条第(二)款也明确将放射性物品道路运输押运人员作为放射性物品道路运输许可的必要条件。

开展放射性物品道路运输押运人员培训工作,是企业履行安全生产主体责任的需要。作为放射性物品道路运输企业必备的工作人员,要求放射性物品道路运输押运人员必须具备一定的职业道德素养和与所押运货物相适应的工作技能,履行岗位职责,完成工作内容。通过对押运人员进行有关安全生产法规、标准以及相关操作规程和基本应急知识培训,方能使押运人员具备必要的安全技能。

同时,在《放射性物品运输安全管理条例》和《放射性物品道路运输管理规定》中均明确规定,必须对放射性物品道路运输从业人员进行培训和考核,考核不合格的不得从事放射性物品道路运输。这也是业内常说的"持证上岗"。

开展和推动放射性物品道路运输押运人员培训工作,是提高押运人员的整体素质、确保放射性物品道路运输安全的重要及有效措施之一。同时,作为拟将从事放射性物品道路运输的押运人员,更应该主动参与培训,不断提高个人的职业素养和安全技能。

第一节　押运人员基本要求

一、押运人员的基本要求

1. 文化程度

由于放射性物品运输的特殊性,尤其是核与辐射防护的科学含量较高,因此要求从事放射性物品运输的押运人员,须具备基本的文化知识,要求押运人员具备初中毕业以上的学历,能够接受放射性物品道路运输管理和企业规范管理要求。

2. 身体条件

从事放射性物品道路运输的押运人员要身体健康,有良好的心理素质和正常的工作心态,能够承受押运人员岗位工作强度,并能够在押运状态下正常履行岗位职责。

3.资质要求

从事放射性物品道路运输的押运人员需经所在地设区的市级人民政府交通运输主管部门考试合格,取得注明从业资格类别为"放射性物品道路运输"的道路运输从业资格证(以下简称道路运输从业资格证),方能上岗作业。

4.职业素养

从事放射性物品道路运输的押运人员应具有良好的思想素质和职业道德水平,不得有犯罪记录,具备良好的心理素质、工作责任心和社会责任感,善于与他人协调和沟通,临危冷静,具有应急处置能力。

二、押运人员的职业道德

1.押运人员的职业道德特征

从本质上看,放射性物品道路运输押运人员的职业道德,是押运人员在履行其职业责任、从事押运业务过程中逐步形成的、普遍遵守的道德原则和行为规范;也是社会对从事放射性物品道路运输押运工作的人们的一种特殊道德需求,是社会道德在道路运输活动中的具体体现。

(1)押运人员职业道德具有鲜明的职业特点。

在内容方面,押运人员职业道德总是要鲜明地表达职业义务和职业责任,以及职业行为上的道德准则。职业道德主要是对放射性物品道路运输行业的押运人员在执业活动中的行为,它不是一般的反映社会道德的要求,而是在特定的职业实践基础上形成的,着重反映本职业、本行业特殊的利益和要求。主动承担货物保全和预防事故等职业义务和职业责任,就是押运人员职业道德的职业特点。

(2)押运人员职业道德具有明显的时代特点。

不同历史时期,有不同的道德标准。一定的社会职业道德,总是由一定的社会经济关系、经济体制决定,并反过来为之服务的。在社会主义市场经济条件下,人们的职业道德烙有制度的印记,与承认市场经济和价值规律作为经济特征的市场经济相适应,重质量、重道德、重效益等为道路运输行业所推崇。市场经济的功利性、竞争性、平等性、交换性、整体性、有序性,要求人们开拓进取、求实创新、诚实守信、公平交易、主动协同、敬业乐群。因此,押运人员的职业道德建设是主要内容应适应道路运输市场规范经济运行的要求。

(3)押运人员职业道德是一种实践化的道德。

凡是道德均有实践性的特点,但是押运人员职业道德的实践性特点显得特别鲜明、彻底和典型。首先,押运人员职业道德是职业活动的产物。从事这一职业的人们,在其从事押运活动中逐渐形成比较稳定的道德观念、行为规范和习俗。其次,从押运人员职业道德应用角度考虑,只有付诸实践,职业道德才能体现其价值和作用。实际上,押运人员职业道德实践性主要表现在他与其从事的职业本身的内容是密不可分的,离开具体的职业就没有职业道德可言。

(4)押运人员职业道德的表现形式呈具体化和多样化特点。

各种职业机体对从业人员道德的要求,总是从本职业的活动和交往的内容和方式出发,适应于本职业活动的客观环境和具体条件。因此,押运人员职业道德往往不是原则性的规定,而是很具体的规定。在表达上,往往采取诸如制度、章程、守则、公约、承诺、须知、誓词、保证以及标语口号等形式。

2. 押运人员职业道德的基本内容

为加强放射性物品道路运输从业人员职业道德建设,提高从业人员素质,根据《中华人民共和国道路运输条例》及其他相关法律法规,结合道路运输行业的特点,交通部于2006年出台了《道路运输从业人员管理规定》,明确要求道路运输从业人员应当按照规定参加国家相关法规、职业道德及业务知识的培训。结合道路运输具体工作,放射性物品道路运输从业人员职业道德可分为4个道德原则,即:遵纪守法、爱岗敬业、诚实守信、团结互助。

(1)遵纪守法。

遵纪守法是放射性物品道路运输押运人员职业道德基本要求之一,是押运人员的基本义务和必备素质。尤其是放射性物品所具有的放射性及巨大的破坏力,一旦被违法利用,会对社会及广大人民群众造成巨大而长远的影响。因此,放射性物品道路运输押运人员必须遵纪守法。

与放射性物品道路运输押运活动有关的法律法规主要包括:

①基本法,如宪法和安全生产法。

②与运输有关的法规。如《道路运输条例》、《放射性物品运输安全条例》、《放射性物品道路运输管理规定》以及地方性法规等,具体可参见第二篇第一章"放射性物品道路运输法规和标准"部分。

③关于宏观调控的经济法律法规,例如《合同法》等。

职业纪律是在特定职业活动范围内从事某种职业的人们必须共同遵守的行为准则。它包括劳动纪律、组织纪律等。职业纪律具有明确的规定性和一定的强制性。职业纪律作为押运人员在上岗前就应明确,在工作中必须遵守、必须履行的职业行为规范,以行政命令的方式规定了职业活动中最基本的要求,明确规定了从业人员做什么,应该怎么做的问题。比如放射性物品运输的辐射防护规定和押运操作规程等。

(2)爱岗敬业。

爱岗敬业是对人们工作态度的一种普遍要求,在任何部门、任何岗位的公民,都应爱岗敬业。从这个意义上说，爱岗敬业是社会公德中的一个最普遍、最重要的要求。

爱岗就是热爱本职工作，能够尽心尽力做好本职工作。敬业，就是要用恭敬严肃的态度来对待自己的职业，及对自己的工作要专心、认真、负责任。爱岗敬业也是相辅相成、相互支持的。要达到爱岗敬业的职业道德要求，首先要求有献身岗位的思想意识。人们是为生活而工作，也是为了工作而生活，应当把自己的职业当成一种事业来看待。献身事业就是要把自己的才华、能力以至于生命都投入到事业中去，认认真真、毫不马虎。特别是从事放射性物品道路运输押运工作，一旦发生事故将带来灾难性的后果，工作必须严肃认真，决不能马马虎虎。只有具备了这样的思想意识，才能从思想上、行动上做好本职工作。

要培养干一行爱一行的精神。干一行爱一行方能钻一行，才能专心致志搞好工作，做出成绩、做出效益。随着市场经济制度的完善和人员的饱和，用人单位会选择踏实工作、有良好工作态度的人，所以干一行爱一行在当代具有特别重要的意义。

(3) 诚实守信。

诚实守信是为人处事的基本职能，也是个人能在社会生活中安身立命的根本。诚实和守信是做人的一种品质，这种品质最显著的特点是一个人在社会交往中能够讲真话、讲信用、讲信誉，能忠实于事物的本来面貌，不歪曲事实，不隐瞒自己的真实思想，不掩饰自己的真实情感，不说谎，不做假，不为不可告人的目的而欺骗别人。要忠于自己承担的义务，答应别人的事一定要去做。

(4) 团结互助。

团结营造和谐人际氛围，互助增强企业凝聚力。团结互助是在当前社会分工充分的市场经济大潮中必须遵守的职业道德，也是道路运输行业特别强调的职业道德要求，特别是放射性物品道路运输押运人员更应当有合作精神，共同完成运输任务。

团结互助就是要求从业人员之间平等尊重、顾全大局、互相学习、加强协作。平等尊重是指在社会生活和人们的职业活动中，不管彼此之间社会地位、生活条件、工作性质有多大差别，都应一视同仁、相互尊重、相互信任。顾全大局是指在处理个人与集体利益的关系上，要树立全局意识，不计较个人得失，自觉服从整体利益的需要。互相学习是团结互助道德规范的中心一环，是指尊重他人长处，学习他人才能，互相学习才能共同进步。加强协作是指在职业活动中，为了完成职业工作任务，协调从业人员之间，包括工序之间、工种之间、岗位之间、部门之间的关系，促进彼此之间相互帮助、互相支持、密切配合、搞好协作。

三、押运人员的岗位职责

1. 押运人员必须掌握放射性物品的基本知识

第一篇基本知识篇已对放射性物品的基本知识作了系统的讲解，理解和掌握放射性物品的基本概念,有利于押运人员正确面对、从容应对、有效开展工作。所以押运人员必须掌握放射性物品基本特性、危害原理和避让措施等基础知识,了解放射性物品包装的基本要求,以及熟悉放射性物品道路运输的安全知识和安全运行要求,增强自身放射性物品道路运输的安全主动性和责任感。

2. 放射性物品押运人员的岗位职责

押运人员是放射性物品道路运输的重要岗位,肩负着其运输全过程的监管,肩负着对驾驶人员是否规范驾驶的监督,以及在紧急情况或发生运输方案中预设情况时主动参与应急处置和货物保全的责任。显然,放射性物品运输押运人员是放射性物品运输安全运行的保障者,所以应随时牢记自身的岗位职责并认真履责。

(1)必须了解有关放射性物品道路运输的安全生产法规、规章、规程、标准;了解放射性物品的分类、性质和危害特征;了解放射性物品包装物或容器的使用特性和要求;了解放射性物品运输中配装、码放、堆存、装卸及交接操作规程;熟悉发生意外和运输事故后的应急措施;认真填写行车日志并掌握发生意外和运输事故的预防措施、基本自救知识和必要的应急处置措施等。

(2)放射性物品道路运输押运人员应定期或不定期参加企业或单位安排的有关运输安全生产和基本应急知识等方面的考核;考核不合格者,不得从事相关工作。

(3)出车前,应协助驾驶人员检查随车携带的遮盖、捆扎、防潮、隔热熄火等装置、工具是否齐全、有效。检查随车携带的证件和材料是否齐全,检查是否配备了必要的、有效的辐射防护用品及消防设施。

(4)押运人员不得擅自离岗、脱岗,不得擅自离开所押运货物,应使货物随时处于押运人员的监管之下,以防止放射性物品被盗、丢失等事故发生。

(5)运输途中,押运人员应按照规定检查货物装载情况,发现问题及时采取措施,并向企业相关部门汇报情况。

(6)运输途中,押运人员还应认真观察驾驶人员的工作状况,督促驾驶人员规范行车,按照规定进行休息,防止疲劳驾驶。停车休息时,押运人员还应检查放射性物品包装密封情况、车辆轮胎、放射物品标识等,并详实记录。

(7)押运人员进出货物装卸场所时应自觉遵守各项安全管理制度,不准携带火种,关掉手机,不准穿戴钉鞋和易产成静电的工作服。装车后应对货物的堆码、遮盖、捆扎等安全措施及对影响车辆起动的不安全因素进行检查。

(8)货物运达卸货地点后,应配合相关人员做好交接工作。监督放射性物品的运输、装卸、堆放作业按规定要求进行。因故不能及时卸货,在待卸期间,应会同驾驶人员负责看管货物。

(9)货物运输、装卸过程中,一旦发生事故,应立即向当地有关部门如实报告,并及时按照预案履行职责及负责维护现场。

第二节　押运人员工作要求

一、出车前的安全检查

（1）熟悉托运人制定并提供的运输说明书、辐射监测报告、核与辐射事故应急响应指南、装卸作业方法指南、安全防护指南等相关内容；了解本次运输任务所运输放射性物品的性质、危害特性、包装或者容器的使用要求、装卸要求以及发生突发事故时的处置措施等知识。

（2）按照本次运输任务所承运放射性物品相关特性及运输要求等，协同驾驶人员再次检查企业调度部门指派的放射性物品道路运输车辆的类型是否符合所承运放射性物品运输要求。有关车辆设备的基本要求、适装要求及放射性物品道路运输工具限制参见本篇第一章第二节"放射性物品道路运输车辆基本要求"的相关内容。若发现不符合相关要求，应及时与驾驶人员和调度人员沟通处理。

（3）协助驾驶人员做好车辆安全技术状况检查，确认专用车辆的安全技术性能符合放射性物品道路运输要求。如检查车辆技术等级是否为一级、车辆二级维护周期、运输前安全检查记录、卫星定位系统车载终端有效性、车辆保险是否过期、应急及消防器材准备情况等。若发现不符合相关要求，应及时与驾驶人员和调度人员沟通处理。

（4）会同专门人员检查装运放射性物品的道路运输专用车辆、设备、搬运工具、防护用品等的放射性污染程度，以确定其污染水平，检查结果超量时，不得继续使用。该检查的频度可视其受污染的可能性和所运输的放射性物质的数量而定。

（5）会同驾驶人员领取必备的与所运放射性物品性能相适应的辐射防护用品、消防器材、捆扎及防尘等安全防护设施、应急处理器材、监测仪器（比如辐射剂量监测仪器）以及通信工具，并检查这些必备的用品、工具、设备、仪器等是否齐全、可靠及有效。

（6）核对托运人配备的、必要的辐射监测设备、防护用品和防盗、防破坏设备清单及设备的有效性。

（7）会同驾驶人员领取、收存本次运输任务的相关单据，并听取企业管理人员的安全告知。

（8）按照托运人和承运人要求，押运人员应做好出车前的个人剂量监测并做好记录，以便企业对个人剂量档案和职业健康监护档案进行登记。

二、装载作业过程的监督和检查

（1）督促驾驶人员按照装卸作业的有关安全规定驶入放射性物品装卸作业区，并将车辆摆在容易驶离作业现场的方位上。

(2)根据本次运输任务的相关单据(包括任务书、调度指令等)以及托运人提交的相关材料(包括运输说明书、装卸作业方法指南等),核对欲装载放射性物品的品名、数量、物理化学形态、危害风险等信息是否与所托运放射性物品一致。

(3)检查托运人托运的放射性物品容器是否符合有关规定,具体可参见第一篇第三章"放射性物品运输容器和警示标志"第一节和第二节的相关内容。《放射性物品运输安全管理条例》明确规定,运输放射性物品,应当使用专用的放射性物品运输容器。放射性物品的运输和放射性物品运输容器的设计、制造,应当符合国家放射性物品运输安全标准。装有放射性物品的包装容器不合格或者辐射剂量检测不符合安全规定的,不可以装车。

(4)检查托运人是否按照《放射性物质安全运输规程》(GB 11806—2004)等有关国家标准和规定,在放射性物品运输容器上设置警示标志,专用车辆运输放射性物品是否悬挂符合国家标准要求的警示标志(包括标志灯、标牌等)。标牌的具体要求可参见第一篇第三章第三节"放射性物品警示标志"的"三、放射性物品警示标志的使用"。标志灯的具体要求参见本篇第一章第二节"放射性物品道路运输车辆基本要求"的"二、车辆的安全设施"的"(四)标志灯和标牌使用"。

(5)负责监督放射性物品的装卸、堆放作业按规定要求进行。根据托运人提供的"装卸作业方法指南",对比装卸作业实施是否与装卸作业方法指南一致。在放射性物品装卸过程中,若需移动车辆,应督促驾驶人员先关上车厢门,在保证安全的情况下,才能移动。

(6)监督所装运放射性物品的总质量在车辆核定载质量范围内,严禁超限、超载。

(7)检查车厢内是否混入了严禁混装运输的其他物品。考虑到放射性物品的特殊性,通常要求放射性物品货包严禁与其他类型的危险货物(包括易燃、易爆物品等)混装在同一辆车辆(或车厢)上,也不允许与食品混装在同一车厢内运输。集装箱装运放射性物品时,在同一箱体内也不可装入性质相抵触的其他危险货物。此外,即使放射性物品的物理性质相同,不同种类的放射性物品货包的配装也必须满足运输指数限制等要求,不可任意混装,具体可参见本篇第一章第三节"驾驶人员操作要求"的"二、运输过程中的操作要求"的"2.运输中货物的隔离和摆放要求"。

(8)按照托运人和承运人要求,押运人员应做好装卸作业过程中的个人剂量监测并作好记录,以便企业对个人剂量档案和职业健康监护档案进行登记。

押运人员应将以上核查内容做好记录。

三、起运前的准备工作

(1)放射性物品道路运输押运人员上岗时应当随身携带《道路运输从业资格证》等证件。携带托运人提交的、且经公安机关批准的关于准予道路运输放射性物品的审批文件,以及由有资质的辐射监测机构出具的辐射监测报告等。

(2)认真学习及熟悉本次运输任务所制订的运输方案,全面掌握当次运输任务起运时间、公安部门核定的运输线路、运输时间、运行时间和运行速度,途中停靠点、加油点、岔路口等信息,以及相关手续办理情况。

(3)装车完毕后,押运人员应对放射性物品的堆码、遮盖、捆扎等安全措施及对影响车辆起动的不安全因素进行检查,确认无不安全因素后,方可起步。同时,确保放射性物品在车厢中摆放平稳、牢靠,防止行车中倒塌、倾斜、撞击、移位。

(4)放射性物品起运前,押运人员应再次查看托运人是否按照要求落实了必要的辐射监测设备、防护用品和防盗、防破坏设备,确保托运人对放射性物品运输中的核与辐射安全负责;并再次核对托运的物品是否与放射性物品运输的核与辐射安全分析报告书所列的放射性物品的品名、数量、运输容器型号、运输方式、辐射防护措施、应急措施等内容一致。

(5)再次协助驾驶人员做好起运前的车辆、运输容器等技术状况检查。

四、运输途中的监督与检查

(1)押运人员在放射性物品道路运输过程中,确保放射性物品处于押运人员监管之下,确保不发生货损、货差。运输一类放射性物品的,当单位要求托运人随车提供技术指导,应主动与技术指导建立联系,解决押运途中的押运技术问题。

(2)在放射性物品道路运输过程中,驾乘人员严禁吸烟,严禁中途搭乘无关人员。

(3)会同驾驶人员做好运输途中的货物隔离和摆放,具体的隔离和摆放要求参见本篇第一章第三节"驾驶人员操作要求"的"二、运输过程中的操作要求"的"2.运输中货物的隔离和摆放要求"的相关内容。

(4)严格督促驾驶人员做好放射性物品运输安全及行车安全工作,包括以下工作:

①督促驾驶人员规范驾驶操作,杜绝不规范运输行为。

②督促驾驶人员按照运输方案规定或公安部门批准的路线、时间、速度行驶,坚决制止驾驶员将车辆驶入运输车辆禁止通行的区域,途中的行驶速度限制要求参见本篇第一章第三节"驾驶人员操作要求"的"二、运输过程中的操作要求"的相关内容。

③装有放射性物品的货包、外包装和货物集装箱在运输和中途储存期间,押运人员应提醒驾驶人员按照规定停车休息,制止驾驶人员的疲劳驾驶行为。同时,监督驾驶人员按照运输方案规定的地点停车检查,并与人员逗留的场所相隔离,不得擅自在居民聚居点、行人稠密地段、政府机关、名胜古迹、风景游览区等敏感区域停车,不在离隧道口50m路段、内河、加油站30m路段内停车。同时还应注意与其他车辆、建筑物等地点保持一定安全距离,并要划出警戒区域,严禁无关人员进入警戒区。

④提醒驾驶人员注意运输过程中遇到的限高标志、交通信号及其他交通管理人员的指挥信号。其他相关行车要求可参见本篇第一章第三节"驾驶人员操作要求"的"二、

运输过程中的操作要求"的相关内容。

⑤督促驾驶人员平稳驾驶。放射性物品道路运输车辆一般不得超车、强行会车及紧急制动。

(5)押运人员不得擅自离岗、脱岗;运输途中,车辆行驶至公安部门规定的点停靠,驾驶人员应会同押运人员对下列内容进行检查,发现情况及时采取措施:

①检查水温、油温、各种仪表工作情况及轮胎气压。

②检查制动器有无拖滞发热现象,各连接部位的牢靠性。

③检查有无漏水、漏油、漏气和一切安全设施是否有效。

④货物捆扎情况,所载放射性物品的状况是否正常。

(6)在运输方案规定时间和地点,督促辐射监测人员对容器包装外部及对离车2m处各立体面进行辐射水平检查,并填写监测情况记录。运输途中的货包辐射水平控制可参见本篇第一章第三节"驾驶人员操作要求"的"二、运输过程中的操作要求"的"4.运输途中的货包辐射水平控制和意外处理"的相关内容。

(7)在运输途中,如遇非因运输设备和货包原因的突发事件导致不能按照运输方案正常运输时,应配合驾驶人员积极向事发地环境保护部门及其他管理部门上报,在做好个人防护的前提条件下,按照相应应急处置方案妥善处理,确保运输安全。运输途中的意外处理可参见本篇第一章第三节"驾驶人员操作要求"的"二、运输过程中的操作要求"的"4.运输途中的货包辐射水平控制和意外处理"的相关内容。

(8)在运输押运过程中,如发生交通事故或发生被盗、丢失、泄漏等情况时,应及时向单位有关负责人报告,同时向事故发生地负责放射性物品的环境保护、安监、公安、质检部门报告,并采取一切可能的措施警示。

(9)在运输押运过程中,若发生核与辐射事故,押运人员和驾驶人员应按照应急响应指南的要求,结合本企业安全生产应急预案的有关内容规定的押运人员职责,做好事故应急工作,并立即向事故发生地的县级以上人民政府环境保护主管部门,以及其他相关部门报告,并应看护好车辆、货物,共同配合采取一切可能的警示、救援措施(具体可参见第二篇第二章第二节"核与辐射事故应急组织实施"的相关内容)。

(10)押运人员应如实做好车辆运行情况(时间、速度、临时停车地点等)和货物捆扎、紧固和辐射检查情况,突发事件情况等记录。

五、运输完毕的交结

(1)货物运达卸货地点后,应配合相关人员做好交接工作,比照所运放射性物品装卸指南规定,监督相关工作人员完成卸货作业。办理物品交接签证手续时点收点交。因故不能及时卸货,在待卸期间,应会同驾驶人员负责看管货物。

(2)运输任务完成回场后,要及时向管理人员报告运输作业过程中的有关客户、运输安全、质量方面的情况;并应托运人或承运人要求,主动接受个人剂量监测。

(3)放射性物品道路运输车辆,在每次完成运输任务后,若发现车辆被污染,应及时进行清洗,消除辐射污染。

六、押运途中的辐射防护措施

具体可参见第一篇第四章"辐射防护与监测"和本篇第一章第三节"驾驶人员操作要求"的"二、运输过程中的操作要求"的"5.运输过程的辐射防护措施"。遵守企业制定的相关辐射防护措施,以避免或减少所押运放射性物品释放出的射线对人体造成的外照射危害和内照射危害。

1. 外照射的防护

押运途中的外照射防护主要措施可参见本篇第一章第三节"驾驶人员操作要求"的"二、运输过程中的操作要求"的"5.运输过程的辐射防护措施"的相关内容。

2. 内照射的防护

根据内照射危害作用于人体的途径可知,为防止放射性物品通过呼吸道、口腔和皮肤渗透进入人体,押运人员在押运作业过程中,应采取下列措施:

(1)防止由消化系统进入体内。押运人员在作业时禁止饮食、饮水及吸烟,或以其他部位接触口腔。穿好工作服、戴好手套和口罩,作业完毕后应立即清洗并换上清洁衣服。对手以及可能污染的部位进行检查,必须在容许程度以下时,才能进食和与他人接触。

(2)防止通过呼吸系统进入体内。作业场所保持清洁,要有良好通风,防止粉尘飞扬;戴好口罩。

(3)防止由皮肤进入体内。作业时要注意防止物品的外包装(特别是沾有放射性物质的部分)割坏皮肤。如果皮肤破伤,应立即停止作业,并进入医院治疗。禁止皮肤有伤口的人员、孕妇或哺乳妇女参加作业。

其他有关外照射和内照射防护的方法参见第一篇第四章第一节"辐射防护与监测"的"四、辐射防护的原则和措施"的相关内容;去污处理方法参见第二篇第二章第二节"核与辐射事故应急组织实施"的"三、辐射事故应急措施"的相关内容。

第三章　放射性物品道路运输装卸管理人员

第一节　装卸管理人员基本要求

放射性物品装卸作业是放射性物品道路运输整个过程中的重要环节,对确保放射性物品运输在途安全也具有关键作用。作为放射性物品装卸管理人员以及装卸操作者,需全面了解放射性物品装卸的基本知识,系统掌握在装卸作业过程中,当发生各种意外情况时的紧急处理措施。

一、装卸的概念

一般在同一地域范围内(如车站范围、工厂范围、仓库内部等),以改变货物的存放、支承状态的活动称为装卸,而以改变货物空间位置的活动称为搬运,两者的全称为装卸搬运。有时或在特定场合,单称"装卸"或单称"搬运"也包含了"装卸搬运"的完整涵义。在当今社会中,它和运输活动一样是整个物流活动的重要组成部分。

日常习惯中,铁路运输、公路运输常将装卸搬运这一整体活动称为"货物装卸";在生产领域中常将这一整体活动称为"物料搬运"。这里所说的放射性物品装卸是指将放射性物品装上汽车或卸下汽车的一系列活动过程。

在实际中,放射性物品装卸与搬运是密不可分的,且两者是伴随在一起发生的。所以,在现代物流科学中并不特别强调两者间的差别,而是作为一种活动来对待。

二、放射性物品装卸地位

放射性物品装卸活动的基本动作包括装车、卸车、堆垛、入库、出库以及连接上述各项动作的短程输送,是随运输和保管等活动而产生的必要活动。

放射性物品装卸活动是实现高效运输、保障运输安全的重要环节,装卸质量与安全直接影响着整个运输生产的全过程。因此非常重要,也是放射性物品道路运输必不可少的关键环节。

在放射性物品道路运输作业过程中,装卸活动是不断出现和反复进行的,它出现的频率高于其他各项物流活动,每次装卸活动都要花费很长时间,所以往往成为决定物流速度的关键。装卸活动所消耗的人力也很多,所以装卸费用在物流成本中所占的比重也较高。

三、放射性物品装卸特点

1. 放射性物品装卸是放射性物品运输附属性、伴生性的活动

装卸活动是放射性物品物流活动开始及结束时必然发生的活动,是完成运输活动不可缺少的组成部分,因而必须引起重视。一般所说的"汽车运输",实际就包含了相随的装卸搬运,仓库中泛指的保管活动,也含有装卸搬运活动。如铁路运输的始发和到达的装卸作业费大致占运费的20%左右,水路运输占40%左右,公路运输占10%左右。因此,为了降低物流费用、确保运输安全,装卸是非常重要的环节。

此外,进行放射性物品装卸操作时往往需要接触货物。因此,这不但是造成货物破损、散失、损耗、混合等损失的主要环节,也易发生辐射伤害、人身损害和财产损失等安全事故。

由此可见,装卸活动是影响物流效率、决定放射性物品物流技术经济效益、保障放射性物品运输安全的重要环节。

2. 放射性物品装卸搬运是支持、保障性活动

放射性物品装卸搬运会影响其他物流活动的质量和速度以及安全性。如装车不当会引起运输过程中的事故损失;卸放不当会引起货物下一步装运困难和安全隐患。许多放射性物品物流活动只有在高效的装卸搬运支持下,才能实现高效率和高水平。

3. 放射性物品装卸搬运是衔接性的活动

任何物流活动互相过渡时,都是以装卸搬运来衔接。因而,装卸搬运往往成为放射性物品整个物流的"瓶颈",是放射性物品物流各环节之间能否形成有机联系和紧密衔接的关键,而这又是一个系统的关键。建立一个有效的放射性物品物流系统,关键看这一衔接是否有效。

4. 放射性物品装卸搬运是承、托运双方的共同性活动

由于放射性物品自身特性以及装卸的特殊技术要求,放射性物品装卸必须有相应的专用设施、设备和能熟练应用该设施、设备以及全面掌握该货物特性的专业装卸技术人员。在大多数情况下,放射性物品装卸由托运方完成;一般没有特殊要求的,也可由承运单位派出随车押运人员、装卸人员、装卸管理人员来负责完成。

四、放射性物品装卸分类

放射性物品装卸的分类按不同的分类方法而不同,一般分类方法如下。

1. 按装卸作业性质分类

按装卸作业性质可分为人工装卸和机械装卸两大类。

现在,由于放射性物品的危险特性以及放射性物品装卸对安全性、稳定性、专用性有着不同的、较为严格的要求,同时,机械装卸的高效率和装卸人员不用与货物直接接

触,可以最大限度地减少装卸人员与放射性物品的接触距离、时间和频次,因此,机械装卸在放射性物品装卸作业中占有很大比重。

2. 按装卸机械及机械作业方式分类

按装卸机械及机械作业方式可分成:使用吊车的"吊上吊下"方式;使用叉车的"叉上叉下"方式;使用半挂车或叉车的"移上移下"方式及散装散卸方式等。

①所谓"吊上吊下"方式,是采用各种起重机械从危险货物上部起吊,依靠起吊装置的垂直移动实现装卸,并在吊车运行的范围内或回转的范围内实现装卸或搬运。由于吊起及放下属于垂直运动,这种装卸方式属垂直装卸方式。

②所谓"叉上叉下"方式,是采用叉车从货物底部托起货物,并依靠叉车的运动进行货物位移,搬运完全靠叉车本身,货物可不经中途落地直接放置到车上或从车上卸下放到目的地。这种方式垂直运动不多而主要是水平运动,属水平装卸方式。

③所谓"移上移下"方式,是在两种运输工具之间(如火车和汽车)进行靠接,然后利用各种方法,不使货物垂直运动,而靠水平移动从一种运输工具上推移到另一种运输工具上。移上移下方式需要使两种运输工具水平靠接,因此,需对站台或车辆货台进行改变,并配合移动工具实现这种装卸。

④散装散卸方式是对散装物进行装卸。一般从装点直接到卸点,中间不再落地,这是集装卸与搬运于一体的装卸方式。大部分汽车放射性物品装卸不得采用这种方式。

3. 按被装物的主要运动形式分类

按被装物的主要运动形式可分为垂直装卸、水平装卸和流动装卸三种方式。

4. 按装卸搬运对象分类

按装卸搬运对象可分成散装货物装卸、单件(货包)货物装卸和集装货物装卸等。

5. 按装卸搬运作业特点分类

按装卸搬运作业特点可分成连续装卸与间歇装卸两大类。

连续装卸主要是同种大批量散装或小件杂货通过连续输送机械,连续不断地进行作业,中间无停顿,货间无间隔。在装卸量较大、装卸对象固定、货物对象不易形成大包装的情况下,适宜采取这一方式。间歇装卸有较强的机动性,装卸地点可在较大范围内变动,主要适用于货流不固定的各种危险货物,尤其适用于包装件危险货物。

五、装卸管理人员的基本要求

1. 文化程度

由于放射性物品的运输特殊性,且核与辐射防护的科学含量比较高,因此要求从事运输放射性物品的装卸人员,应具备基本的文化知识,要求装卸人员应具备初中毕业以上的学历。必须有从事道路货物运输业经营管理工作3年以上的经历,或从事经济管理工作5年以上的经历。

2. 身体条件

由于运输放射性物品的危害性,要求从事运输放射性物品的装卸人员要身体健康,适宜操纵机械和从事危险货物装卸作业。

3. 思想素质

必须遵守国家各项法律、法规及国家、行业标准,热爱本职工作,政治思想素质好,责任心强,具有良好职业道德。

4. 资质要求

《放射性物品道路运输管理规定》第七条第(二)款规定,从事放射性物品道路运输的驾驶人员、装卸管理人员、押运人员经所在地设区的市级人民政府交通运输主管部门考试合格,取得注明从业资格类别为"放射性物品道路运输"的道路运输从业资格证。

因此,放射性物品道路运输装卸管理人员必须进行专业知识的学习和培训,并经当地市级人民政府交通运输主管部门考试合格,持证上岗。凡未经考核合格,取得从业资格证的,属于违法行为,按照《放射性物品运输安全管理条例》第六十二条和《危险化学品安全管理条例》第六十六条规定将由交通运输部门处以 2 万元以上 10 万元以下的罚款;触犯刑律的,依照刑法关于危险物品肇事罪或其他罪的规定,依法追究刑事责任。

5. 专业技能

根据《放射性物品道路运输管理规定》和《放射性物质安全运输规程》(GB 11806)有关要求,放射性物品运输从业人员,应该了解放射性物品类别介绍,放射性物品运输文件内容以及响应。应了解放射性物品的一般危害和如何预防,放射性物品装卸操作设备的使用要领,日常防护措施以及泄漏事故发生后的应急措施等,同时要求有一定的实际操作经验,企业必须要定期考核装卸管理人员的知识掌握程度,并适时进行有关知识强化和更新培训。

因此放射性物品装卸管理人员要全面了解放射性物品装卸作业有关的安全知识及操作规程等,必须定期接受其所属企业或单位安排的运输安全生产和基本应急知识等方面的培训,熟悉有关安全生产法规、标准以及相关操作规程等业务知识和技能,并至少经过 3 个月以上的实习。同时,还需接受其所属企业或单位安排的有关运输安全生产和基本应急知识等方面的考核;考核不合格的,不得从事相关工作。

第二节 装卸机械设备的基本条件

一、运输车辆条件

(1) 在进行装卸作业前,装卸管理人员可对拟装运放射性物品的车辆进行例行检查,查看其车辆安全技术状况及相应的安全设施是否符合相关技术要求、是否齐全有效,如防火设施、熄灭火星装置、防波板等。

(2)查看放射性物品运输车辆有关运行证件是否齐全有效,如行驶证、道路运输证(加盖放射性物品运输专用章)、放射性物品准运证及驾驶人员的驾驶证和从业资格证等。

(3)放射性物品运输车辆必须装有符合国家标准《道路运输危险货物车辆标志》规定的专用标志。

(4)运输车辆是否适合拟装运的放射性物品,拟运车辆与所装运货物不匹配不得装运。具体可参见本篇第一章第二节"放射性物品道路运输车辆基本要求"的相关内容。

(5)随车用于遮盖、捆扎放射性物品的及防潮、防火、防毒面具,防护服等工、属具,应急处理器材和防护用品是否齐全有效。

(6)运输车辆车厢底板是否平坦完好,有无凹陷、过度弯曲或断裂等缺陷,罐体固定是否牢固、可靠。铁底板运输是否采取衬垫防护措施,如铺垫木版、胶合板、橡胶板等。车厢或罐体内有无与所装放射性物品品名不一致或与所装货物的性质相抵触的残留物。

(7)发现问题应立即进行相关处理,符合要求后方可进行装卸货物。

二、装卸机械设备的基本要求

(1)装卸机械的选用必须是根据国家有关标准生产的正规合格产品,具有标准化、系列化、通用化的特点,符合所装卸放射性物品的安全要求。

(2)特种装卸机械的技术性能不得任意改变(如增加起重量、扩大跨度、延长悬臂、接长吊杆等)。

(3)装卸机械安全性能和技术指标要符合货场其他设备条件,符合对所装卸货物品种的装卸作业全过程工艺要求,有利于在货物进出货场的搬运、堆码、取放、套索方法等方面订出具体的作业步骤和要求。做到堆码稳固整齐,道路畅通。进货为装车创造条件,装车为卸车创造条件,卸车为搬出创造条件,提高作业效率,实现文明生产。

(4)装卸机械实行定期检查、维修,实行责任维护制度。装卸机械检修分为一级维护(定检)、二级维护(小修)、中修和大修。根据作业量大小进行必要的维护,至少每年一次大修,确保设备技术状态完好,以降低消耗、提高生产效率,保障装卸和运输安全。超过大、中修期失修的机械,应停止使用。各种装卸机械因操作、维护、管理不当造成损坏时,应追究有关人员的责任并严肃处理。

①一级维护(定检)是对装卸机械进行擦洗润滑,对易磨损部分进行检查、调整。

②二级维护(小修)是维护性修理,是对装卸机械进行部分解体检查、清洗、换油、修复、更换超限的易损配件。

③中修是平衡性修理。装卸机械部分或全部解体,除完成二级维护的各项工作外,修复、更换磨损的主要零部件,保证使用到下一个修程。

④大修是恢复性修理。装卸机械全部解体、全面检查,恢复机械原有性能或改造性能,修复更换磨损超限零部件,按批准的技术文件进行技术改造。

(5)新投入使用的装卸机械,操作人员必须全面检查调整,确认技术状态良好,符合安全技术条件后方可使用。购买使用新型的机械,要组织操作和维修人员,熟悉设备构造及性能特点、安全注意事项、使用及维护调整中的各项技术数据,操作人员经训练合格后才能使用新型机械。对新购和大修后的机械,要根据有关说明,规定初期使用的走合时间,并规定走合期内起动操作、运行速度、功率限制、紧固调整及润滑清洗等注意事项。

(6)各种装卸机械禁止超负荷作业。

(7)装卸机具要配有防火器材,配置防静电、防雷等设施。装卸放射性物品时,遇有雷鸣、电闪或附近发生火警,应立即停止作业,并将放射性物品妥善处理。在雨雪天气禁止装卸遇水放出易燃气体的物质。

(8)多台机械在一起作业要保持安全间距,若在车站应规定出安全间距,防止碰撞。

三、装卸机械设备的特殊要求

(1)利用装卸机具装卸放射性物品时,装卸机具应按额定负荷降低25%使用。

(2)当电源电压低于额定电压7%时,应降低额定负荷30%作业;当电源电压波动超过±10%时应停止作业。

(3)不得以限位开关代替控制器停车,不得以紧急开关代替停止按钮使用。

(4)叉车底盘、电阻器要定期擦洗保持清洁。

(5)油机具设备及输油系统周围要做到"三清"、"四无"、"五不漏"。"三清"指设备清洁、场地清洁、工具清洁;"四无"指无油垢、无明火、无易燃物、无杂草;"五不漏"指不漏油、不漏电、不漏火、不漏气、不漏水。

第三节 装卸管理作业要求

一、装卸过程的基本要求

(一)装卸前的准备

1.装卸作业场所要求

(1)放射性物品装卸作业时,应在装卸作业区设置警告标志。无关人员禁止进入放射性物品装卸作业区。

(2)装卸作业场所的选择要尽量远离其他危险货物或货物、人员、交通干线,并远离热源,通风良好;电气设备应符合规定要求,严禁使用明火灯具照明,照明灯应具有防爆性能;要有防静电和避雷装置。

(3)认真清理装卸作业场所的环境,确保不存在影响到放射性物品装卸作业安全的其他物品和环境条件。

2. 装卸前对车辆和作业人员的要求

(1)放射性物品道路运输装卸管理人员有权拒绝装卸不符合国家有关放射性物品运输规定的放射性物品。

(2)装卸作业前,装卸管理人员应当按照托运人所提供的放射性物品运输说明书、核与辐射事故应急响应指南、装卸作业方法指南、安全防护指南等资料,了解本次装卸作业所装卸放射性物品的性质、危害特性、包装物或者容器的使用要求、装卸作业方法以及发生突发事件故时的处置措施。

(3)根据所装卸放射性物品的特性和装卸作业方法指南拟定装卸作业计划。由于放射性物品的特殊性,在条件允许的情况下尽量采用远程遥控控制的方式来进行装卸作业,以减少与放射性物品近距离接触的机会。若条件不允许,应选择在确保机具可靠性的前提下尽可能远离作业人员的装卸机具进行作业,或在充分做好辐射防护的条件下进行人工作业。

(4)要求专用车辆按照放射性物品装卸作业的有关安全规定驶入装卸作业区,并将车辆摆在容易驶离作业现场的方位上。

(5)车辆停靠货垛时,指挥车辆与货垛之间留有安全距离;待装、待卸车辆与装卸货物的车辆应保持足够的安全距离,不准堵塞安全通道。

(6)放射性物品道路运输从业人员(包括在监督装卸的驾驶人员和押运人员),在放射性物品进入装卸作业区后和装卸作业时均严禁吸烟。

(7)进行放射性物品装卸区的作业人员及其他人员均不得随身携带火种,并应按照要求穿戴合适且污染不超标的放射性物品防护服、防护鞋、防护手套或护目镜等。

(8)根据放射性物品的种类、特性、装载量及装卸作业要求,选择合适的装卸机具,装卸机具的最大装载量应小于其额定负荷的75%;若使用起重机装卸大型瓶或罐式集装箱时,装卸人员必须戴好安全帽。

(9)进行装卸作业前,应对装运放射性物品的搬运工具、设备、防护用品等,定期进行放射性污染程度的检查,超量时不得继续使用。

(10)装卸作业前,装卸管理人员应核对放射性物品名称、规格、数量是否与托运单证相符。集装箱装卸作业前,应查验放射性物品装箱清单;放射性物品道路运输罐车卸货前,应确认所卸货物与储罐所标货物名称是否相符。待装卸放射性货物与运单不符时,应拒绝装车。

(11)装卸作业前,应对待装的放射性物品货包进行检查;破损、撒漏、水湿、沾污其他污染物或包装容器辐射剂量监测不符合安全规定的放射性物品货包应拒绝装车。

(12)检查放射性物品货包上可能会用来提吊货包的附加装置的安全性,按照规定要求,确保放射性物品货包上那些不符合要求的提吊附件已被拆除掉或使其不能用于提吊。

(13)按照托运人和承运人要求,装卸管理人员应做好装卸前的个人剂量监测并做好记录,以便企业建立对应的个人剂量档案和职业健康监护档案。

3. 不同类型车辆的装卸要求

(1)装运放射性物品的车辆共同要求:

①装运大型运输容器、集装箱、集装罐柜等车辆,必须设置必要的、牢固、安全且有效的紧固装置。

②装运大型气瓶的车辆必须配置活络插桩、三角垫木、紧绳器等工具,以保证车辆装载平衡,防止气瓶在行驶中滚动,以保证运输安全。

③报废的、擅自改装的、检测不合格的或者其他不符合国家规定要求的车辆、设备禁止从事放射性物品道路运输活动。

(2)装运放射性物品的栏板货车的条件:

车厢底板必须平整完好,周围栏板必须牢固,周围没有栏板的车辆,不得装运放射性物品。

(3)装运放射性物品的厢式车辆的条件:

厢式车辆装运放射性物品的,可在驾驶室与厢体之间安装铅板屏蔽层(辐射防护层),对辐射源进行屏蔽以起到辐射防护的目的。

核定载质量在1t及以下的车辆为厢式或者封闭货车,可以用来装运放射性药品。但封闭式货车不得装运Ⅰ类放射性物品。

(4)装运放射性物品的集装箱运输车的条件:

集装箱装箱作业前应进行检查,确认集装箱技术状态良好并清扫或清洗干净,应去除无关标志、标记和标牌。清扫或清洗前,必须开箱通风,进行清扫或清洗的操作人员必须穿戴适用的保护用品。洗箱污水在未作处理之前,禁止排放。经处理过的污水,必须达到《污水综合排放标准》(GB 8978—1996)的要求。

放射性物品装箱作业前,应检查集装箱内有无与待装放射性物品性质相抵触的残留物。发现问题,应及时通知发货人进行处理。检查固定集装箱的转锁装置是否有效设置。

有关车辆适装要求可以参见本篇第一章第二节"放射性物品道路运输车辆基本要求"的相关内容。

(5)禁止装运放射性物品的车辆类型:

①全挂汽车列车,各种客车、客货两用车、三轮机动车、摩托车和非机动车(含畜力车),禁止运输放射性货物。

②自卸汽车不得装运放射性货物。

③货车列车(经特许的车辆除外)禁止装运放射性货物。

④凡不符合一级技术等级标准的车辆,不得运输放射性物品。

⑤普通货物运输车辆不可以承运一次性或临时性的放射性物品道路运输业务。

(6)其他有关车辆使用的限制:

①禁止放射性物品专用车辆用于非放射性物品运输,但集装箱运输车(包括牵引车、挂车)、甩挂运输的牵引车以及运输放射性药品的专用车辆除外。按照规定使用专用车辆运输非放射性物品的,不得将放射性物品与非放射性物品混装。

②运输过放射性物质的罐和散货集装箱,若对 β 和 γ 发射体以及低毒性 α 发射体的污染未去污至 $0.4Bq/cm^2$ 水平以下,或对所有其他 α 发射体未去污至 $0.04Bq/cm^2$ 水平以下时,不得用于储存或运输其他货物。

③在完全由托运人控制安排和不违背其他有关规定的条件下,应允许其他货物与按独家使用方式下运输的托运放射性物品一起运输。

(二)装卸过程中的具体要求

1. 放射性物品的装载限制

(1)任何货包或外包装的运输指数应不超过10,而任何货包或外包装的临界安全指数应不超过50,但按独家使用方式运输的托运货物除外。

(2)货包或外包装的外表面上任一点的最高辐射水平应不超过2mSv/h,但按独家使用方式通过公路运输的货包或外包装除外。

(3)按独家使用方式运输的货包或外包装的任何外表面上任一点的最高辐射水平应不超过10mSv/h。

2. 放射性物品的配载要求

(1)货包内容物的配载。

货包中除装有使用放射性物质所需的物品和文件外,不得装有任何其他物项(但符合独家使用方式运输要求的除外)。

(2)车厢内其他货物或物品的配载。

放射性物品货包严禁与其他类型的危险货物(包括易燃、易爆物品等)混装在同一辆车辆上,也不得与食品混装在同一车厢内运输。集装箱装运放射性物品时,在同一箱体内不得装入性质相抵触的其他危险货物。

放射性物品与普通货物混装在同一辆车辆上,应按表3-3-1条件进行隔离。

放射性货物与普通货物的隔离条件　　　　　　　表3-3-1

隔开距离＼包装等级＼对象	Ⅰ级	Ⅱ级	Ⅲ级
行李包裹	不隔离	不隔离	不能配装
普通货物	不隔离	不隔离	1.5m
未定影的照相底片或感光材料	0.5m	1m	5m

3. 装卸管理人员的作业操作规定

(1)装卸管理人员应当认真学习托运人提供的放射性物品装卸作业方法指南,或者装运批准证书上注明的装载、卸载、搬运等方面的操作管理措施和堆放说明,按照相关规定现场指挥装卸人员进行装卸作业。不得根据自己的操作习惯随意改变装卸规程和方法。

(2)放射性物品装卸过程中,驾驶人员和押运人员不得远离车辆,押运人员应负责监装、监卸。

(3)放射性物品装卸操作时,应根据放射性物品货包的类型、体积、重量、件数的情况,并根据《包装储运图示标志》的要求,轻拿轻放,谨慎操作,严防跌落、摔碰、泄漏,禁止撞击、拖拉翻滚、投掷,各放射性物品货包或组件之间的堆放间距应符合相关要求;堆码时,桶口、箱盖朝上,允许横倒的桶口及袋装货物的袋口应朝里;装有通气孔的货包,不准倒置、侧置,防止所装放射性物品货包泄漏或进入杂质造成危害。

(4)装卸过程中,车辆发动机应熄火,并切断总电源(需从车辆取力的除外)。在有坡度的场地装卸放射性物品时,必须采取防止车辆后溜的有效措施。

(5)放射性物品罐车装卸时,现场人员应站在上风处,密切注视进料情况,防止货物溢出。

(6)装卸放射性物品时,遇有雷鸣、电闪或附近发生火警,应立即停止作业,并将放射性物品货包妥善处理。

(7)装卸前或装卸过程中放射性物品的货包发生破损或撒漏,装卸人员应拒绝或停止装运,立刻通过相关负责人按照放射性物品货包撒漏的程序进行处理。

(8)在进行放射性物品装卸时,除应考虑货包内容物的放射性和易裂变性质外,还应考虑其他危险性质,例如爆炸性、易燃性、自燃性、化学毒性和腐蚀性,遵守与危险货物运输有关的规定。

(9)放射性物品道路运输装卸人员进行装卸作业时,必须做好个人防护措施,穿戴辐射防护工作服、口罩、手套等劳动保护用品。

（10）装卸过程中需要移动车辆时，应先关上车厢门或栏板。若原地关不上时，应有人监护，在保证安全的前提下才能移动车辆。起步要慢，停车要稳。

（11）装卸放射性物品的托盘和手推车尽量专用，装卸机具应有防止产生火花的防护装置。装卸机具的最大装载量应小于其额定负荷的75%。

（12）集装箱装载时要根据装箱要求，防止集重和偏重，装车后货物重心距集装箱中心点不得超过集装箱长度及宽度的10%，或在集装箱1/2长的范围内所承受的负荷不超过总负荷的60%。

（13）放射性物品装卸完毕，作业场所必须彻底清扫干净。

（14）集装箱放射性物品装箱完毕，关闭、封锁箱门，并按要求粘贴好与箱内放射性物品性质相一致的放射性物品的标牌。

（15）禁止在装卸作业区内维修车辆。

（16）按照托运人和承运人要求，装卸管理人员应利用个人剂量计等工具，做好装卸前的个人剂量监测并做好记录，以便企业建立对应的个人剂量档案和职业健康监护档案。

二、装卸的防护要求

装卸管理人员应遵照装卸作业方法指南，做好辐射防护措施以及个人剂量监测，以避免或减少装卸放射性物品过程中，所释放出的射线对人体造成的外照射危害和内照射危害。

（1）装卸管理人员在作业时应采取下列防护措施：

①防止由消化系统进入体内。装卸管理人员在作业时，应严禁进食、饮水及吸烟，或以其他部位接触口腔。穿好防护工作服、戴好手套和口罩等防护用品；作业完毕后，要淋浴换衣，洗净手脸并换上清洁衣服。

特别是放射性矿石、矿砂，包装易污染。装卸作业后，要检查身上确无放射性矿砂沾污才能进食。对手及可能污染的部位进行检查，必须在剂量容许程度以下时，才能进食和与他人接触。

②防止通过呼吸系统进入体内。装卸作业场所保持清洁，要有良好通风，防止粉尘飞扬；戴好口罩。

③防止由皮肤进入体内。装卸作业时要注意防止放射性物品货包或外包装割坏皮肤。若皮肤破伤，应立即停止作业，并进入医院治疗。禁止皮肤有伤口的人员、孕妇或哺乳妇女参加作业。

（2）装卸管理人员在作业时应尽量减少操作或接触货包的时间，每人每天允许作业的时间必须根据货包运输指数在规定的时间内进行，详见表3-3-2。

装卸放射性货物每人每天允许作业时间　　　　　　　　表 3-3-2

包装等级标志颜色	包装表面辐射水平(mrem/h)	徒手操作(与货包表面距离为零)	简单工具(距货包表面约0.5m)	运输指数(距货包表面1m)(mrem/h)	半机械化操作(距货包表面1m)	机械化操作(距货包表面1.5m)
Ⅰ-白色	≤0.5	8h	—	—	—	—
Ⅱ-黄色	1	7h	8h	—	—	—
	5	90min	7h	0.05	—	—
	10	50min	6h	0.1	—	—
	20	20min	2h	0.3	8h	—
	30	15min	1.5h	0.6	7h	—
	40	10min	1h	0.8	6h	—
	50	7min	50min	1	5.5h	—
Ⅲ-黄色	60	6min	45min	1.5	5h	7h
	80	5min	40min	2	4h	6h
	100	4min	35min	3	2.5h	5h
	120	3min	30min	4	2h	4h
	140	2min	24min	5	1.5h	3h
	180	1min	20min	7	1h	2h
	200	不容许	12min	10	30min	1h

注:表中"—"表示作业时间不限制。

（3）其他有关外照射和内照射防护的方法参见第一篇中关于辐射防护的原则和措施的相关内容；去污处理方法参见第二篇中关于辐射事故应急措施的相关内容。

附录1　核与辐射事故案例简介

一、四川省××××公司放射源运输事故（新购 Co-60 放射源在运输途中丢失）

时间：1989 年 3 月

地点：夹江——成都——兰州运输途中

事故类型：放射源运输安全责任事故

事故描述：

1989 年 3 月 7 日，兰州某研究所到四川省××××公司订购 32 枚 Co-60 放射源。11 日，运输车辆到达兰州后停在车库。13 日上班后，将装有源罐的 5 只木箱卸入源库（未开箱）。27 日，开箱清点时，发现两只木箱内的 3 个源罐翻倒，源罐盖子脱落，4 枚放射源不知去向。验收人员当时从木箱底部和盖上各找到 1 枚，28 日在开箱处地上找到 1 枚，另 1 枚 17mCi 的放射源最终未能找到。

事故原因分析：

(1) 四川省××××公司出厂放射源的铅罐包装(运输容器)质量不合格。放射源罐盖子均未与罐体两侧的吊耳固定，也没加铅封；部分源罐外表面生锈，编号不清；部分罐外屏蔽厚度不够，表面辐射水平超过运输标准，用增大木包装箱来降低剂量，致使经长途运输颠簸后，木箱破损，源罐翻倒，盖子脱落，放射源撒出丢失。

(2) 同位素应用单位兰州某研究所对放射源的安全运输不重视。运输人员不懂防护知识，装车时未对源罐的包装提出要求，运输途中不检查源罐是否完好，放射源运抵兰州后，又不及时开箱检查，发现放射源丢失，也不及时向防护部门报告。从放射源运抵目的地到该研究所发现放射源丢失，历时 16 天，延误了寻找的有利时机。

(3) 生产和使用单位无视国家有关规定，擅自订购、销售、运输是酿成事故的另一重要原因。

事故经验教训：

放射源包装容器(运输容器)的质量是埋藏事故隐患的关键环节。生产单位在出厂、运输放射性物品时，一定要严格遵守《放射性物品运输安全管理条例》(以下简称《运输条例》)中对放射性物品运输容器的相关规定，严把运输容器质量关，保证运输中发生撞车、翻车等运输事故时，运输容器的自身完整性不致使放射源撒出。

事故也暴露出我国在《运输条例》出台前对放射源运输活动管理上存在的漏洞，以及运输单位对放射性物品运输活动的不重视。按照《运输条例》的规定,在运输放射源时,应选择有资质的运输单位承担运输活动,并选择专用的运输工具运输、采取合理可行的捆绑拴系方式固定运输货包,并在实施运输前加强对运输人员的辐射防护知识、应急能力的培训。

二、北京××××公司放射源运输事故

时间:2005年5月24日

地点:京珠高速公路河南卫辉段

事故类型:放射源运输中安全责任事故,放射源丢失

事故描述:

2005年5月24日晚,北京××××公司运送9枚Ir–192医用放射源(均为10Ci)的车辆在京珠高速公路卫辉段时,车辆右后轮爆胎,汽车撞向高速公路中间隔离护栏,车辆严重受损,不能行驶,9枚放射源全部甩出车外。当时车上有两名驾驶员,另有搭车到湖南上学的学生,驾驶员没有受伤,学生胳膊受轻伤。驾驶员紧急寻找放射源并报警,当即找到7枚并装上车,发现有两枚丢失。河南省环境保护局启动放射源事故应急处置预案后,会同相关部门调查、搜寻丢失的放射源,10小时后在高速公路护路工人处和卫辉市某科研所一职工家里找到第8枚和第9枚放射源。经监测,找回的放射源外包装没有破损。河南省环境保护局应急小组与公安部门协商,同意"××公司"将9枚放射源转移到新运输车上,运回北京的生产厂家,事故车辆和有关驾驶员由新乡公安部门按规定处理。

事故原因分析:

(1)事故单位对放射性物品安全运输重视不够,缺乏必要的放射性物品运输的相关管理制度,在运输放射性物品前,未对专用运输车辆进行全面检查,另外,运输中私自搭载与运输活动无关人员等都不符合放射性物品运输相关规定的要求。

(2)对放射性物品包装容器(运输容器)质量缺乏必要的规定要求和检验制度,对运输容器的操作缺少相应的程序,导致发生交通事故时,由于运输容器自身质量问题及在运输工具上的不稳定导致9枚放射源全部暴露。

(3)对包装和运输人员缺乏专业知识和放射事故应急处理对策教育和培训。

事故经验教训:

从事放射性物品生产和运输的单位要充分认识到辐射的危害和安全的重要性,加强放射性物品安全运输管理,建立严格的放射性物品运输规章制度,严格执行《运输条例》等相关法规,加强工作人员的放射防护知识和事故应急处理知识的教育和培训。

三、北京××××公司放射源丢失事故

时间:2006年11月8日

地点：北京市海淀区中关村科学城创业园紫金数码园

事故类型：放射源丢失

事故描述：

2006年11月8日下午，北京××××公司3位工作人员到海淀区紫金数码园热力管道施工现场作业。因门卫不让进，3人打算将车停在门外，徒步提设备进入探伤作业现场。其中1人从车辆行李舱卸下含源移动探伤仪及相关辅助设备，在无人看管的情况下返回车内取胶片。后得知该施工场所东边有出入口可驾车进入，3人在未确认该探伤仪是否放回车内的情况下驾车离去。到达作业现场后发现探伤仪丢失，于是立即返回查找，未果。事故发生后，北京市环境保护局会同公安部门对事故进行了调查，于11月9日在工地的堆料场里将丢失的探伤仪找回。该单位被处以15万元的罚款，并吊销其辐射安全许可证，5枚放射源返回生产厂家，法人代表被公安部门拘留。

事故原因分析：

这次事故是人为因素造成的责任事故。肇事单位领导的安全意识淡薄、管理松懈，工作人员责任心不强是导致事故的主要原因。

事故经验教训：

肇事单位应加强放射性物品的管理工作，建立健全各项规章制度，职责明确，责任到人，现场工地要设立专（兼）职防护管理人员。要加强工作人员的责任心意识，严格含放射源仪器的使用要求，以防止类似事故的发生。

四、四川省××××公司非密封放射性物质运输事故（运输非密封放射源造成机场污染事故）

时间：1998年9月

地点：成都双流机场

事故类型：运输安全责任事故

事故描述：

1998年9月28日，四川省××××公司将在反应堆上辐照过的氯化钾（主要成分有K-42，S-35）粉末物品运往成都双流机场，准备托运给上海核子所。到达机场货运室外，发现其中一个铅罐翻倒在车上，检查后发现密封放射性物质的石英玻璃管破损，放射性物质散落。运输人员对另一未翻倒的容器进行检查，发现货包不符合飞机运输要求，于是决定不发货，返回原单位。此次事故造成机场货运室外水泥路面放射性污染，主要污染是S-35的β放射性物质（K-42已超过20个半衰期），活度为1mCi，污染区域约为50m×4m，污染水平为5~678.6Bq/cm²。清除污染后未对公众造成严重危害，但对环境造成了污染，2名运输人员在事故中受照剂量约10mSv，经观察无明显临床症状。

事故原因分析：

本次事故的主要原因是事故单位对放射性物品安全运输重视不够，缺乏必要的管理制度。其次是对放射性物品的包装容器（运输容器）的质量缺乏必要的检验制度及控制手段，导致运输过程中密封放射性物品的石英玻璃管破损，放射性物品散落。另外，对包装和运输人员缺乏专业知识和放射事故应急处理对策教育和培训。

事故经验教训：

从事放射性物品生产和运输的单位要充分认识到辐射的危害和安全的重要性，建立严格的放射性物品生产、包装、运输等规章制度，严格执行放射性物品相关法规，加强工作人员的放射防护知识和事故应急处理知识的教育和培训。

五、兰州××××公司放射源被盗事故

时间：2008年4月1日

地点：宁夏银川市

事故类型：放射源被盗

事故描述：

2008年4月1日，宁夏回族自治区银川市公安局接到兰州××××公司报案，一辆夏利车在银川市被盗，4月2日该公司再次报案说该车行李舱内有γ探伤机一台。经甘肃省核与辐射安全局调查，该公司丢失探伤机为甘肃某研究中心所有，含Ir-192放射源，兰州××××公司在没有辐射安全许可证、未办理异地使用备案手续情况下，于3月10日到宁夏从事探伤工作。经过宁夏回族自治区反恐办、公安厅、银川市公安局和辐射环境监督站的10天追查，于4月10日晚9时在宁夏回族自治区永宁县找到了丢失的夏利车，并确认车内探伤机和放射源完好无损。案件告破后，兰州××××公司有4人被行政拘留。甘肃省核与辐射安全局取消了该公司辐射安全许可证的申请资格，责令其今后不得从事探伤工作。

事故原因分析：

(1)甘肃某研究中心违规外借含放射性装置、兰州××××公司在没有辐射安全许可证、未办理异地使用备案手续及运输相关许可证等情况下，违规使用含放射源装置是造成该事故的主要原因之一。说明事故单位领导的安全意识淡薄、管理松懈、工作人员责任心不强。

(2)事故单位对放射性物质的认识不足，思想上不重视，防护意识不强，采用普通夏利车运输含源装置，对含源装置使用、运输过程没有采取必要的安保措施是造成该事故的另一主要原因。

(3)事故单位在发生含源装置丢失后，瞒报、迟报以致延误最佳追回时机也是扩大

该事故的又一原因。

事故经验教训：

这起事故给我们带来深刻的教训。各级核技术利用监管部门应贯彻国家有关法规，加大执法力度及法规宣贯的广度和深度，规范放射性物品行业。加强对放射性物品使用单位的监督检查，对发现违规使用放射性物品的单位严格处理。放射性物品使用单位应提高辐射安全认识，加强对放射性物品的制度化管理。

六、北京××××公司放射源被抢事故

时间： 2006 年 11 月 22 日

地点： 北京市顺义区马坡枫桥别墅西侧路边

事故类型： 放射源被抢、敲诈勒索钱财

事故描述：

2006 年 11 月 22 日下午，倪某等四人利用其掌握的北京××××公司探伤作业规律，有预谋地抢夺了该公司在顺义马坡地区枫桥别墅西侧路边等候作业的探伤机。当时，探伤机放在一个普通的轻型客车行李舱里，探伤机内的放射源为 Ir-192，活度为 27Ci。探伤作业人员还未下车时，车后开来一辆黑色奇瑞汽车停在轻型客车前，车上走下 3 名男子，有 2 名男子站在轻型客车左侧，其中 1 人手伸进胸口衣服内，像要掏凶器的样子，第 3 个人直接打开行李舱门将探伤机拿出。抢夺者还留下联系电话，让公司负责人和他联系。探伤作业及运输人员由于恐惧心理当时未做反抗，后来驾车追赶，但被对方逃脱。事后抢夺者索要 20 万元赎金。该公司报案后，第二天警方抓获了全部犯罪分子，并找到被抢探伤机。经检测，探伤机外壳未损坏，放射源仍在其内，未发生放射性物质泄漏和人员伤害。该事故最后定性为刑事案件，该单位也注销了使用 γ 射线探伤活动。

事故原因分析：

（1）事故单位对放射性物品安全运输重视不够，缺乏必要的放射性运输安保措施（包括技防措施和人防措施），在运输含源探伤机时，没有采用专业车辆进行运输，没有配备任何报警、防盗、防抢装置，未设置专门的运输押运人员看管探伤机。

（2）事故单位缺乏针对运输人员处理突发事故对策教育和培训，使得工作人员和运输人员遇到突发事件后，不能正确应对。

事故经验教训：

放射性物品运输单位应建立切实可行的放射性物品运输管理规章制度，加强放射性物品运输途中的安防措施及应急响应能力，如配备防盗、防抢联锁装置，配备随车押运人员、安装在线实时监控装置对放射性物品运输全程实施在线监控等，防止放射性物品运输被盗、被抢。

七、巴西铯-137丢失事故

该事故虽然不是放射性物品运输活动中发生的,但此事故经常被看作是一个基准,用以衡量对放射源或其他放射性物质在使用、运输等过程中失控和破坏后所产生的后果。在国内外有关放射源安保及放射性物品运输安全的相关培训经常作为主要案例被引用。

时间:1987年

地点:巴西,戈亚比亚

事故类型:放射源被盗造成的污染事故

事故描述:

戈亚尼亚某放疗机构将装有57TBq137Cs源(属于Ⅰ类放射源)的放疗机废弃,但源未取出。一捡破烂的人为卖废品而偷取含源组件。被盗后其容器在废品收购站被打开,在拆卸组件过程中,装源的密闭容器破裂,造成粉末状放射性物质的洒落和被人随意拿走。在距源1m处的剂量率达4.6Gy/h,附近地面污染区为1.1Gy/h。

事故后果:

事故造成1km^{2}面积被沾污,其中造成7个主要污染区,159栋房屋被监测、85间房屋被沾污、42栋房屋和58个公共场所需要去污。监测了11.2万人,有249人受照,121人体内受污染,54人住院治疗,12人受照剂量超过2.7Gy,最高达7.0Gy,4人1个月死亡。

经济影响:

产生了40t放射性废物,需要建立一个新的放射性物品存储设施,花费2000万~3500万美元,730人参与去除沾污工作,需10年时间该城市才能恢复至事故前的经济水平。

事故原因分析:

放射源使用单位违反操作规程和相关规定处置含源装置,公众对放射性辐射危害认识不足是造成该事故的主要原因。

事故经验教训:

在核技术应用中,应加强放射性废源处理过程中的安防措施,制定相应的规章管理程序,防止危及公众安全事故的发生,核与辐射安全监管部门应高度重视核技术可能诱发的公共安全问题及其应对措施的研究,做到防患于未然。

八、西班牙核武器运输事故

历史上也发生过核武器试验和核武器运输事故,并产生了严重的公共安全问题。核武器的运输都有可能发生事故,对广泛使用的核技术利用中放射性物品常态运输的安全更应引起足够的重视。

时间：1966 年 1 月 17 日

地点：西班牙上空

事故类型：核弹烈性炸药爆炸

事故描述：

2 架携带核武器的飞机与加油机相撞,核弹坠落未发生核爆炸。1 号核弹轻度受损,无放射性物质泄漏,2 号核弹烈性炸药爆炸,武器部件分散在 6m 深的弹坑内,地面有 α 放射性污染,3 号核弹烈性炸药爆炸,核弹碎片散落在 457m 范围内,有明显的放射性钚污染,4 号核弹事故后在地中海找到,无损坏。两枚化爆的核武器形成的放射性污染总面积为 263hm²,有 22300m² 的土壤需刮除表层土壤,由西班牙运出的受放射性污染的土壤和蔬菜共 1147m³。

附录2 相关法规更改的说明

为了防止破坏原教材结构和知识体系,本书重印时仅对书中文字进行了修改。

依据"下位法服从上位法"的基本法理,将交通运输部2016年修订《放射性物品道路运输管理规定》的相关内容和2014年12月1日实施的《安全生产法》中涉及专职安全管理人员的条款作为本书附录,供读者了解我国有关法规的变化。

(一)《放射性物品道路运输管理规定》(交通运输部令2016年第71号)

交通运输部关于修改《放射性物品道路运输管理规定》的决定

(中华人民共和国交通运输部令2016年第71号)

《交通运输部关于修改〈放射性物品道路运输管理规定〉的决定》已于2016年8月31日经第19次部务会议通过,现予公布。

部长　杨传堂
2016年9月2日

交通运输部关于修改《放射性物品道路运输管理规定》的决定

交通运输部决定对《放射性物品道路运输管理规定》(交通运输部令2010年第6号)作如下修改:

一、将第七条第(一)项修改为:"(一)有符合要求的专用车辆和设备。

1.专用车辆要求。

(1)专用车辆的技术要求应当符合《道路运输车辆技术管理规定》有关规定;

(2)车辆为企业自有,且数量为5辆以上;

(3)核定载质量在1吨及以下的车辆为厢式或者封闭货车;

(4)车辆配备满足在线监控要求,且具有行驶记录仪功能的卫星定位系统。

2.设备要求。

(1)配备有效的通讯工具;

(2)配备必要的辐射防护用品和依法经定期检定合格的监测仪器。"

二、将第十条第(三)项第2目中的"车辆技术等级证书或者车辆技术检测合格证"修改为"车辆技术等级评定结论"。

三、将第十六条中的"《道路货物运输及场站管理规定》"修改为"《道路运输车辆技术管理规定》"。

四、删除第三十九条。

条文序号作相应调整。

本决定自2016年9月2日起施行。

《放射性物品道路运输管理规定》根据本决定作相应修正,重新发布。

(二)《安全生产法》(2014年12月1日实施)关于专职安全管理人员的规定

第二十一条第一款　矿山、金属冶炼、建筑施工、道路运输单位和危险物品的生产、经营、储存单位,应当设置安全生产管理机构或者配备专职安全生产管理人员。

第二十二条　生产经营单位的安全生产管理机构以及安全生产管理人员履行下列职责:

(一)组织或者参与拟订本单位安全生产规章制度、操作规程和生产安全事故应急救援预案;

(二)组织或者参与本单位安全生产教育和培训,如实记录安全生产教育和培训情况;

(三)督促落实本单位重大危险源的安全管理措施;

(四)组织或者参与本单位应急救援演练;

(五)检查本单位的安全生产状况,及时排查生产安全事故隐患,提出改进安全生产管理的建议;

(六)制止和纠正违章指挥、强令冒险作业、违反操作规程的行为;

(七)督促落实本单位安全生产整改措施。

第二十四条　生产经营单位的主要负责人和安全生产管理人员必须具备与本单位所从事的生产经营活动相应的安全生产知识和管理能力。

危险物品的生产、经营、储存单位以及矿山、金属冶炼、建筑施工、道路运输单位的主要负责人和安全生产管理人员,应当由主管的负有安全生产监督管理职责的部门对其安全生产知识和管理能力考核合格。考核不得收费。